海陆界面
可持续景观规划

潘韦妤　著

Sustainable
Landscape
Planning of
Sea
Land
Interfa[ce]

化学工业出版社
·北京·

内容简介

本书运用理论联系实践、文献资料查阅与实地调研相结合的研究方法，阐述了海陆界面可持续景观规划的研究背景、意义、方法，解析了国内外研究动态，依据海陆界面可持续景观规划的相关理论：可持续理论、城市规划学理论、环境行为心理学理论、视觉艺术理论和景观生态学理论进行了研究。界定了海陆界面的内涵、范围、特征、类型，构建了海陆界面基础理论体系，包括海陆界面可持续节点规划、结构与功能规划、视觉规划、游览道路交通规划、植物规划、设施规划及夜景规划。初步提出了海陆界面可持续景观规划实施的技术保障体系，包括护坡、植物规划、水资源利用、新材料利用、污水处理、材料循环利用、新能源利用等方面。最后以大连市滨海路海陆界面可持续景观规划为实例进行研究，为其它滨海城市海陆界面可持续景观规划提供参考。

本书适合风景园林专业及相关领域科研人员、教师、学生等阅读使用。

图书在版编目（CIP）数据

海陆界面可持续景观规划 / 潘韦妤著. — 北京 ：化学工业出版社，2023.6

ISBN 978-7-122-43333-6

Ⅰ. ①海…　Ⅱ. ①潘…　Ⅲ. ①海洋-陆地-界面-景观规划-研究　Ⅳ. ①TU983

中国国家版本馆 CIP 数据核字（2023）第 070728 号

责任编辑：毕小山　　文字编辑：刘　璐
责任校对：李露洁　　装帧设计：刘丽华

出版发行：化学工业出版社（北京市东城区青年湖南街 13 号　邮政编码 100011）
印　　装：涿州市般润文化传播有限公司
710mm×1000mm　1/16　印张 10½　字数 200 千字　2023 年 7 月北京第 1 版第 1 次印刷

购书咨询：010-64518888　　售后服务：010-64518899
网　　址：http：//www.cip.com.cn
凡购买本书，如有缺损质量问题，本社销售中心负责调换。

定　　价：78.00 元

前言

海陆界面是滨海城市海洋与陆地衔接的一种特殊空间，也是滨海城市最能体现地域特色的景观空间。随着城市化的快速发展，滨海城市对海陆界面的开发频度变高，强度也越来越大，城市建设过程中海陆界面开发利用带来了诸如自然资源的过度开采、后期维护不利等问题。因此研究海陆界面可持续景观规划是非常必要和迫切的。大连作为著名的滨海旅游城市，对海陆界面的开发利用及探索相对较早，开发强度较高，问题也相对较多，大连滨海路就是较为典型的代表，因此以大连滨海路海陆界面为例进行研究具有典型性和示范意义。

本书运用理论联系实践、文献资料查阅与实地调研相结合的研究方法，阐述了海陆界面可持续景观规划的研究背景、意义、方法，解析了国内外研究动态，依据海陆界面可持续景观规划的相关理论：可持续理论、城市规划学理论、环境行为心理学理论、视觉艺术理论和景观生态学理论进行了研究。界定了海陆界面的内涵、范围、特征、类型，构建了海陆界面基础理论体系，包括海陆界面可持续节点规划、结构与功能规划、视觉规划、游览道路交通规划、植物规划、设施规划及夜景规划。初步提出了海陆界面可持续景观规划实施的技术保障，即：护坡、植物规划、水资源利用、新材料利用、污水处理、材料循环利用、新能源利用等技术。最后以大连市滨海路海陆界面可持续景观规划为实例进行研究，为其它滨海城市海陆界面可持续景观规划提供参考。

全书共分为四章：第一章海陆界面概述，主要探讨了海陆界面和可持续景观规划界定、海陆界面的类型、国内外研究的发展历史与研究动态。第二章海陆界面可持续规划理论研究，分别探讨海陆界面景观规划与可持续理论、海陆界面景观规划与城市规划学理论、海陆界面景观规划与环境行为心理学、海陆界面景观规划与视觉艺术理论、海陆界面景观规划与景观生态学理论。第三章海陆界面可持续景观规划方法，详细阐述了海陆界面相关概念的界定、海陆界面的总体规划、海陆界面可持续景观规划技术研究。第四章大连滨海路海陆界面可持续景观规划实例研究，详细描述了大连滨海路海陆界面现状、大连滨海路海陆界面可持续景观总体规划、大连滨海路海陆界面可持续详细规划。对海陆界面可持续景观规划的研究较少，参考文献不多，因此本书是一项探索性研究，从海陆界面视野研究景观规划的可持续性。由于可持续本身就是一种发展的、进步的概念，随着科技进步与社会发展，相关技术会陆续运用到可持续景观规划中，原有的技术也会完善和改进。因此下一步研究会在海陆界面的数字化模拟以及管理方面开展。

本书在撰写过程中吸取和参考了大量前辈、同行的研究成果，在此致以诚挚的谢意！

潘韦妤

2023 年 2 月

目录

第一章 海陆界面概述

自古以来，世界各地的人类依水而居，依水而生，水是世界人类文明发展的摇篮，江河、湖泊和海洋孕育了人类。古人建造城市就有“依山者甚多，亦需有水可通舟楫，而后可建”之说。沿江河、沿湖泊、沿海建城，更是从古至今人们的首选。在漫长的历史长河中，水用于饮用、取食、种植、灌溉、交通、生产和娱乐等，水不仅仅是人类赖以生存的重要元素，并且对改善城市环境也起着重要的作用。我国古人针对城市水体的理论研究，源于“藏风得水，五行不缺”的生态思想和风水理论，所以城市选址和布局大多与生命之源——水密不可分。大多城市依水发展，各种商业交易也因水而逐渐繁荣，诸如古渡、水埠、沿江成为人们交往、贸易的场所。

海洋对人类的生存发展至关重要，海洋在近现代文明发展中起到了越来越重要的作用。海洋与陆地交接区域，即“海陆界面”更是居住在此地的人们赖以生存的活动空间（图 1-1）。

海陆界面逐渐成为城市的发祥地、文明的起始点。世界上的沿海城市，几乎都充分利用海陆界面的优势，以海陆界面景观规划的开发来推动经济发展和城市更新，这也促使对海陆界面的可持续规划研究成为一种世界性的现象。滨海城市海陆界面的规划和设计包含内容较广，怎样才能通过海陆界面的景观规划既体现地方性特色，满足当代人需要，又兼顾子孙后代需求，才是重中之重。

如何对海陆界面进行有效规划和保护，已然成为国家海洋事业发展的重大课题。实施海陆界面可持续景观规划，可促进中国从海洋大国向海洋强国转变。

为深入贯彻落实习近平生态文明思想，深入打好重点海陆界面综合治理攻坚战，推进海陆界面可持续景观规划改善和建设美丽海湾，建立健全海陆界面可持续景观规划规章制度。2022 年生态环境部等 6 个部门联合印发了《“十四五”海洋生态环境保护规划》。

图 1-1　海陆界面

该文件关于海陆界面统筹污染治理、生态保护、应对气候变化总体要求的相关重点内容可概括为以下五个方面。

① 强化精准治污，以海陆界面近岸海湾、河口为重点，分区分类实施海陆界面污染源头治理，深入打好重点海陆界面综合治理攻坚战，陆海统筹持续改善近岸海域环境质量。

② 保护修复并举，坚持山水林田草沙一体化保护和可持续景观修复理念，着力构建海陆界面生物多样性保护网络，恢复修复典型海陆界面生态系统。

③ 有效应对海陆界面突发环境事件和生态灾害，加强海陆界面环境风险源头防范，全面摸排重大海陆界面环境风险源，构建分区分类的海陆界面环境风险防控体系，加强应急响应能力建设。

④ 坚持综合治理，系统谋划和梯次推进海陆界面海湾生态环境综合治理，强化“水清滩净、鱼鸥翔集、人海和谐”的美丽海湾示范建设和长效监管，切实解决老百姓反映强烈的突出海陆界面生态环境问题。

⑤ 协同推进应对气候变化与海陆界面生态环境保护，开展海陆界面碳源汇监测评估，推进海陆界面应对气候变化的响应监测与评估，有效发挥海陆界面固碳作用，提升海陆界面适应气候变化的韧性。

该文件按照构建现代环境治理体系等要求提出的相关重点任务和支撑保障措施可概括为以下四个方面。

① 推进海陆界面统筹的生态环境治理制度建设，加强海陆界面生态环境监管体系和监管能力建设，建立健全权责明晰、多方共治、运行顺畅、协调高效的

海陆界面生态环境治理体系。

② 以科技创新为驱动和引领，着力补齐基础性、关键性支撑保障能力，推进国家、海区和地方海陆界面生态环境治理能力的整体提升。

③ 践行海陆界面命运共同体理念，促进海陆界面生态环境保护国际合作，切实履行海陆界面生态环境保护国际公约，积极参与全球海陆界面生态环境治理。

④ 加强组织领导，加大投入保障，严格监督考核，加强宣传引导等组织保障措施。

保护海陆界面生态要求：实施海陆界面可持续生态修复，加大滨海湿地、河口和海湾典型生态系统等重要水域的保护力度。实施岸线修复和建设工程，重点加强对海陆界面侵蚀后退、沙滩浴场退化、海陆界面景观损伤、海陆界面空间淤堵等功能受损岸段的整治修复。严禁在海陆界面滥采乱挖砂石、乱批乱建旅游景点和游乐设施，防止对海陆界面的侵蚀、挤占。结合“十四五”规划文件，本书将进一步研究海陆界面可持续景观规划，在景观规划中突出“可持续理念”。具体规划如下，注重海陆界面可持续生产、可持续生活和可持续生态空间的营造，在海陆界面配置上做到交接线可持续自然化、可持续生态化和可持续绿植化。同时要科学规划设计生态廊道系统，鼓励处理后的污水结合人工生态湿地和水系建设，实现可持续循环利用。

第一节　海陆界面和可持续景观规划界定

从城市规划角度来说，沿海城市的海陆界面往往是沿海城市公共开放空间的重要组成部分，在其发展过程中起到了特色节点的作用。在当今城市环境景观营造中，人们将水看作城市景观设计的一个重要影响因素，对水资源的可持续利用与设计也逐步重视起来。在城市水系统的规划治理中，各方专家及设计者不断提出以生态学为基础，以打造回归自然生态、文化地域性以及修复水域的生态系统等理念，进行人与自然和谐共生的滨水景观设计研究，已成为国内外研究的焦点，而对于滨海海陆界面可持续景观项目研究也成为其中的首选。

海陆界面可持续景观规划是如何界定的呢？城市中的海陆界面也可称为海岸线，是指海域与陆域交汇处，是一种比较特殊的地形结构，由于各国对海陆界面的定义不是十分相同，所以到目前为止划分方式主要有以下两种。一种是将海陆界面地区划分为五个部分：内陆海陆界面陆地部分、滨海海陆界面区域土地（滨海人类居住区、湿地）、海陆界面水域、离岸海陆界面水域和远海海陆界面水域，而城市海陆界面区是指其中的城市滨海海陆界面土地和城市滨海海陆界面水域两部分的所属城市范围内区域。另一种是从城市滨水区的角度对城市海陆界面区进行界定，其特点是滨海海陆界面陆地与滨海海陆界面水体共同构成了环境的两个主要因素。本书中的城市海陆界面区是指城市建成区范围内的海陆界面岸段，也可按照具体的项目来划分。海陆界面可持续景观规划需要用可持续的方法来规划和管理世界各地的滨海景观。需要运用新的方法有效地将可持续的原则应用于海陆界面景观规划和管理之中。可持续的景观空间设计涉及不同尺度上的不同土地利用，生态系统和动植物群落之间的关系。因此，生态知识在可持续景观规划中是不可少的。

本书在现有生态规划方法的基础上，建立了一个应用景观生态概念的可持续景观规划概念框架，探索了将景观指标作为生态规划指南应用到可持续景观规划中。着重归纳了海陆界面多种潜在作用，建立一个共同的框架，将生态知识应用于海陆界面景观规划中进行海陆界面可持续景观规划研究具有以下两方面意义。

滨海城市特色节点地域景观塑造的需要：海陆界面可持续景观规划研究的理论研究现状还不是很全面，系统也不是很完善，要更好展现海陆界面可持续景观还需要加强研究和总结别国经验，然后再结合别国经验和场地自身作出详细规划，优化滨海路环境，利于完善不同沿海城市景观风貌总体规划。

滨海城市可持续建设的必然要求：本书通过较系统、全面地研究海陆界面可持续景观规划理论和实例等，总结出海陆界面可持续景观规划整体策略，并针对当前问题提出合理化建议；对促进滨海城市海陆界面景观可持续发展，提高滨海城市形象有重大的意义。

第二节　海陆界面的类型

我国近海海洋综合研究有海陆界面卫星遥感专项调查任务，海陆界面是其主要调查内容之一，该任务将海陆界面的类型划分为基岩海陆界面、砂质海陆界面、粉砂淤泥质海陆界面、生物海陆界面和人工海陆界面等五类。海陆界面（海岸线）按线型的变化大致可以分为：平直海陆界面（平直型海岸带）、内弯海陆界面（凹型海岸带）、外弯海陆界面（凸型海岸带）、多湾海陆界面（多湾型海岸带）四种类型。本书主要按照海陆界面（海岸线）线型来划分海陆界面的类型（图 1-2）。然后根据不同的海陆界面的类型，进行有针对性的可持续景观规划。

① 平直海陆界面（平直型海岸带）：平直海陆界面岸线平直，给人以平直的视觉感受，但由于岸线形态缺少变化，因此对此类海陆界面可持续景观规划生态空间的营造重在变化与细节的处理。在进行具体景观规划时，可以每隔一定距离设置伸入海面的构筑物节点以增添海陆界面的变化；对于景观带较宽的区域，可

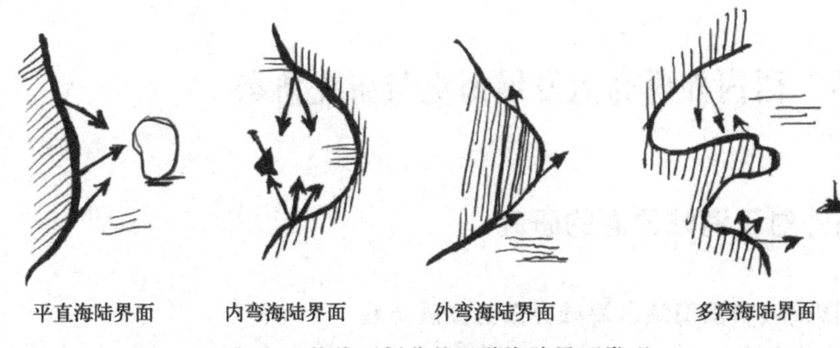

图 1-2　按线型划分的四种海陆界面类型

增加横向与竖向的景观层次并注重可持续规划设计理念的运用；对于景观带相对较窄的区域，则要考虑好细节，如抬升或降低地势设置平台，采用具有海洋文化和地域特色的雕塑小品、可回收雨水动态装置和可渗透性铺装材料等，以达到雨水循环利用。可持续植物景观规划，需要考虑适地适树，形成良好的植物群落搭配，才能让植物更好地成活。同时要科学规划设计生态廊道系统，如将处理后的污水结合人工生态湿地和水系建设，实现可持续循环利用。

② 内弯海陆界面（凹型海岸带）：内弯海陆界面空间内收，可观赏到海湾内全景，空间感强，但由于内凹的程度的不同，给人的空间视觉感差别也较大。对于内弯海陆界面可持续景观规划生态空间的营造重在视觉焦点的处理，视觉焦点也是重要规划节点。当地居民和游人沿海陆界面进行游览时，视野可涵盖近海湾内的所有景观节点，湾头与近海岛屿是人们的视觉焦点，内弯海陆界面的可持续景观规划应多方位分析并组织景观视线，形成人工与自然景观的有机结合。其它方面可持续景观规划与平直海陆界面规划方法相同。

③ 外弯海陆界面（凸型海岸带）：外弯海陆界面空间发散，视野开阔，但视野内可获得的信息量不是很多，可观赏到的近海岛或其它景物均有焦点与导向作用，对此类海陆界面可持续景观规划生态空间的营造重在天际轮廓及景观轮廓线的处理。对伸入海中的景观轮廓线的控制十分重要，规划是要根据场地变化，设计出符合该场地的轮廓线。其它方面可持续景观规划与平直海陆界面规划方法相同。

④ 多湾海陆界面（多湾型海岸带）：多湾型海陆界面是前几种海陆界面空间的结合，对此类海陆界面可持续景观规划生态空间的营造重在不同空间功能变化的丰富性处理，因其是前几种线型的综合，要结合前几种处理方式，来综合解决场地中的问题。多湾海陆界面的空间变化丰富多样，给人多种不同的空间视觉感受，为打造丰富的滨海海陆界面景观提供便利。其它方面可持续景观规划与平直海陆界面规划方法相同。

第三节 国内外研究的发展历史与研究动态

一、国外对于海陆界面的研究

1. 国外城市滨海地区海陆界面的发展历程

国外城市滨海地区海陆界面的发展大致可分为四个发展阶段：前期发展阶段、停滞衰退阶段、恢复再开发阶段和现代发展阶段。

（1）前期发展阶段（18世纪至第二次世界大战爆发前）

自18世纪60年代以来，欧洲科学与工业技术飞速发展，英国等国家陆续进入了工业时代，大工业生产成为欧洲社会产业结构的主体。大工业生产需要大量用水，加之海上贸易来往频繁，因此欧洲工业时代的城市滨海海陆界面区域发展迅速。在这一时期航运业务在工业运输业中占主要地位，码头、仓库、工厂遍布海陆界面区域。在第一批欧洲移民到达美洲后的几百年里，海运是跨越大洋的客运和货运的唯一运输方式，人们在港口对物资进行整合、分发和转运，所以滨海海陆界面中的港口对整个城市的外贸活动起到非常重要的作用。在这个时期，城市滨海区海陆界面的发展在一定程度上决定着整个城市经济的发展，所以各地对滨海区海陆界面进行大规模建设以满足对外贸易需求和给军队提供军事港湾。优美的海陆界面及其周边区域也成为到达美洲的移民的首选场所，这些区域因此较早地发展成发达的海港城市。随着世界各地海上经济活动的不断增加，这些海港城市功能及景观日趋完善，并且带动了周边地区的经济发展。这些早期的滨海海陆界面区域逐渐发展成城市社会生活和文化生活的核心地区，如波士顿、费城和纽约。

（2）停滞衰退阶段（1939—1945年第二次世界大战时期）

1939—1945年第二次世界大战期间，欧洲各国的城市发展减缓或处于停滞状态，一些分布有工厂、码头的城市滨海海陆界面区域被战争摧毁。

（3）恢复再开发阶段（1946年—20世纪60年代）

大工业生产时代造成的近海水体污染和滨海海陆界面区域环境恶化等问题，使滨海城市的发展逐渐向内陆转移。经过一段时间的调整，欧洲国家开始对城市滨海海陆界面区域进行恢复和再开发。在这个时期，滨海海陆界面主要还是提供运输功能，但也有一些工厂为了运输和排污方便，直接把办公厂房建在了滨海区海陆界面上，在此基础上海陆界面滨海区的港口不仅承担了存储功能，也为货物提供存放的场地。

这一时期的滨海海陆界面因为大工业发展区与生活区距离较远，所以单纯地以增长经济效益为主，滨海海陆界面的规划建设主要是工厂区和港口的建设，景观仅仅是因在这些办公区域内简单进行一些抗风和抗盐碱植被的种植形成的。

大工业革命之后，欧洲各国开始不断调整和优化产业结构，转型后发展起来的高科技新工业基本上落户在城市郊区，使城市滨海地区海陆界面的工业用地、港口用地等大量空置，需要被赋予新的用途。在这个时期滨海海陆界面地块因大多处于荒弃的状态地价相对便宜，所以很多城市看准时机投入到滨海海陆界面建筑及景观的建设规划中。通过对滨海海陆界面发展的研究可以发现，滨海区的发展进程在一定程度上展示了一个城市的发展变化。滨海海陆界面在早期只是单纯凭借着得天独厚的自然资源满足人们的生活需求，后来为满足城市飞速发展的需求，又产生了运输及储存各种不同类型的货物等功能。随着世界的不断进步和发展，城市发展只简单追求经济效益的模式逐渐被取代，工业区被外移，海陆界面也随着人们需求的变化产生新的价值。人们对滨海区海陆界面进行了重新规划建设，自然生态资源也被修复利用。20 世纪 50 年代，西方外向型经济兴起，出现了逆工业化，形成了多产业集聚交叠发展的产业结构，陆路交通和航空运输迅速发展，城市滨海海陆界面地区港口功能逐渐弱化。这时的人们已经开始意识到环境污染所带来的严重后果，开始注重对滨海海陆界面生态环境的保护，对城市滨海海陆界面区域的再开发开始重视整体规划和对景观休闲游憩功能的探索设计。城市滨海海陆界面区域的空间规划和建筑群建设趋于合理并取得了一定的成效，实现了空间发展区域一体化。

美国巴尔的摩内港海港的改造就是恢复再开发的成功案例，改造后的海港增强了从内港到邻近社区的连通性，通过创造一系列的空间来减少沿港散步道的线性体验，为各年龄层次的游客和居民创建一个具有包容性和可达性的目的地。20 世纪 60 年代，英国创办“海洋企业区”，研究如何有效控制海陆界面土地的开发。

（4）现代发展阶段（20 世纪 70 年代后）

现代发展阶段，城市滨海海陆界面区域的发展十分注重综合功能的开发，力求将城市滨海海陆界面区打造成集旅游观光、休闲文化、商务洽谈、地产开发、商业娱乐等功能于一体的综合性区域。在营造滨海海陆界面公共开放空间时展现人与自然和谐相处的规划理念，融入地域文化特色，追求城市滨海海陆界面区的可持续发展。20 世纪 70 年代，人们逐渐开始意识到保护历史遗迹对当地文化传承的重要性，尤其是对具有历史意义的建筑的保护；因此，人们开始对滨海海陆界面地区历史建筑进行保护和再利用，赋予其新的使用功能，使历史建筑在新时代发挥自己的新作用。到了 20 世纪 80 年代，经过了数年的科学生态规划和建设，西方滨海海陆界面区域的环境已经得到了很大改善，人们又能在清澈的海水中看见鱼、虾等生物。到 20 世纪 90 年代，欧洲各国开始逐步探索近海大比例尺度景观的规划，城市滨海海陆界面景观规划设计开始由空间外延扩张向空间内涵设计延伸，滨海景观规划设计的观念也从滨海景观资源消耗转向资源保护和可持续发展上来。欧洲人注重对城市人文历史环境的保护和再利用，尤其善于对包括建筑物、街区和水环境在内的滨海海陆界面环境进行综合开发和保护，创造宜人滨海海陆界面空间的同时保护了城市的人文和历史。日本自 20 世纪 70 年代开始注重对滨海海陆界面步行道、亲水堤岸等“亲水空间”的建设。20 世纪 60 年代至今，国外城市滨海海陆界面景观规划再开发主要集中在废弃码头的重建，成功的案例有日本横滨的新港等，它们成功的经验主要基于城市规范设计的指导，使当地历史文脉的延续和滨海海陆界面地区的商业、游憩、绿化、居住等综合功能有机融合。20 世纪 90 年代美国从区域角度开发海陆界面，促进了乔治亚州滨海海陆界面道路贯穿的 6 个县的经济发展。1998 年马萨诸塞州 CapeC. de 滨海海陆界面区的规划利用 GIS 技术对景观、游憩体验区等进行了概念性区域分析，并得到了相应的数据，ChristineLim 等人以澳大利亚的黄金海岸为例，阐述了滨海海陆界面景观设计中地域特色的重要性。在时代影响下，国外设计师开始对滨海海陆界面的景观建设规划进行重新探索，并在不断的开发建设中摸索出相关经验，做出了一批具有代表性的滨海海陆界面景观设计。在这个过程中，国外的专家学者还多次对滨海海陆界面区的重新建设进行研究探讨。但是查阅相关国外的书籍发现，在 21 世纪之前国外对滨海海陆界面区的研究大都只出现在书中某章节或者对滨海景观规划设计案例的解析中，几乎很少看到有专门指导滨海海陆界面区如何开发建设的相关书籍，但是这些出现在章节或案例中的滨海海陆界面景观设计指导思想还是为我国的景观规划建设提供了一些参考。通过对陆续召开的一系列与滨海海陆界面区设计发展相关的国际会议中提出的理念进行梳理（表 1-1）可以发现，国外对滨海海陆界面景观的规划已日渐成熟，滨海区的海陆界面可持续景观规划逐渐与城市地域文化、城市发展、经济进步相结合，形成了很多符合当下社会大环境发展的滨海海陆界面景观。

表 1-1　国外滨海海陆界面景观设计相关资料

时间	作者/城市	著作/文章/会议	相关思想理论
1983 年	约翰·O·西蒙兹	《景观设计学场地规划与设计手册》	分析了怎样实现景观设计可持续发展的方法和策略，把滨水体系运用到滨水景观设计的实际操作中研究，总结了包含设计原则与方法的设计策略
1986 年	横滨	横滨滨水区 MM21 开发计划研讨会	会议总结了滨海区建设的相关思想：水与绿、自然与城市、历史与将来相融合，滨海区的建设要把地域文化、城市发展、经济进步相联系

续表

时间	作者/城市	著作/文章/会议	相关思想理论
1988 年	霍伊尔	《滨水区更新》	这本书第一次对城市滨水区修建作出了全方位的研究，收录了由多行业专家学者编写的作品。侧重分析了对滨水区重新开发建设的原因及开发中出现的问题与冲突
1990 年	大阪	国际水都会议	会议对怎样在不伤害水与绿地系统的情况下，恢复建造滨水生态系统和建立环境宜人的休闲活动空间，对设计出良好可持续的滨水景观等现实问题进行了探讨研究
1991 年	威尼斯	水上城市中心 第二届国际会议	会议认为区域内的多种构成要素影响着滨海区的恢复重建。滨水区的设计建造应与该城市的自然、社会、可持续发展等联系在一起
2005 年	Christine lim， Michael Alder	*Ecologically sustainable tourism management*	分析了澳大利亚的黄金海岸，归纳了滨海景观设计的实践经验，提出了滨海景观设计面临的新挑战，要展现地域特色，具有鲜明个性
2008 年	巴黎	大巴黎规划国际咨询	法国规划师 Grumbach 阐述了海洋运输的观念，充分利用巴黎的水系统进行交通规划，突出水系统在城市发展与交通方面的重要引导作用
2012 年	Rodrigo de Amerada Grurewaid	*Tourism and cultural revival*	分析了洛杉矶新港市的滨海旅游对当地社会产生的各种作用，提出了滨海景观的营建需要充分考虑当地人的意见和需求才能建成最有利于当地发展的滨海景观

2. 国外海陆界面地区的研究发展

国外学者对海陆界面地区开发从多个层面进行探索研究：美国学者 Ann Breen 和 Dick Rigby 把居住、商贸、文化教育环境、娱乐休闲、历史和公交港口设施归为城市滨水区开发用途上的六大类。Aspa Gospodini、Wood Rand Handley J.、Teresa C. Michelson 等从滨水规划设计角度进行研究，提出规划要与古建筑物结合。GordonD. L. A 认为滨水区公共空间开发的意义远大于人们对物质的要求，更能带动周边地块价值上升。Hoyle B. S. 从滨水区再开发角度提出不同意见。Clark、Church、Gordon 通过对纽约炮台公园、伦敦港区、波士顿海军码头改造及多伦多港口改建四个滨水区开发项目的研究，提出要重视市场调研，强调公众参与。在对滨水区开发建设的理论探索中，国外学者有以下理论和专著：20 世纪 60 年代英国著名设计师麦克哈格提出“设计遵从自然”的景观规划理论，从生态角度提出以生态原理进行规划操作和分析的方法。交通地理学家霍依尔首次提出全球滨水区再开发现象并进行全面分析，著有《滨水区更新》一书。

20世纪末，世界多个滨水地区的受重视程度空前，众多涉及城市滨水区开发的国际会议相继召开：1990年在大阪召开国际水都会议，1991年在威尼斯召开水上城市中心第二届国际会议，1993年在上海召开第二届国际水都会议，1995年在悉尼召开城市滨水区开发国际会议等。此外，以滨水区规划开发为主题的国际会议也经常召开，如加拿大蒙特利尔“滨水区发展规划”会议等。20世纪中叶，美国开始对滨水地区重建和开发，如自1964至今仍在开发的巴尔的摩内港区重建项目（图1-3），自1979年至现在仍开发的纽约炮台山公园，1983年多功能综合体开发项目——多伦多“皇后码头”（图1-4）等。英国滨水地区开发重建项目有：伦敦港开发（图1-5），利物浦的阿尔伯特码头改建，曼彻斯特运河河滨改建等。日本在大阪湾有107个滨水开发项目（图1-6），其中有65个项目总投资额达1200亿美元，横滨填海工程“亚太贸易中心”主体建筑成为横滨地标——大阪“宇宙广场”，450米长的步行平台，成为城市新景点。

图1-3　巴尔的摩内港

图1-4　多伦多“皇后码头”

图 1-5　英国伦敦港

图 1-6　日本大阪湾

二、国内对于海陆界面地区景观规划的研究

1. 国内城市滨海地区海陆界面的发展历程

(1) 封建发展时期

据史料记载我国古代滨海海陆界面城市的发展始于西汉，兴旺繁荣于唐朝时期。唐朝时期，主要的政治经济、文化商业中心集中在内陆城市，但对外贸易发展得很好，其重要的对外通商口岸广州、扬州、泉州与登州等城市的海上交通和对外贸易非常活跃，俨然成为唐朝时期重要的港口城市。中国封建社会发展到后期，重农抑商的思想根深蒂固，滨海贸易主要起到辅助内地农业的作用，尤其明

清时期的禁海政策更抑制了城市滨海海陆界面区域的发展，因此中国封建时期没有像雅典、亚历山大一样的临海城市。

(2) 近代发展时期

近代中国社会很长一段时间都是处于战火之中。晚清的闭关政策被西方列强强行用大炮打破，腐朽的清政府与西方列强签订的多个不平等条约，使很多城市的滨海海陆界面变为对外开放运输港口和殖民地。但这在很大程度上促进了滨海海陆界面区域工业、商业、文化等方面的快速发展，很多小渔村和滩涂海陆界面发展成了海岸城市。

(3) 现代发展时期

新中国成立初期，由于我国沿海城市较多，海上运输非常方便，加之城市发展的需要，所以滨海海陆界面的工业、商业等都能较快地发展起来，并且也提高了滨海城市的前进速度。改革开放以后，人们的生活方式随着环境发生改变，需求也随之改变，滨海海陆界面区域单一的工业化逐渐被弱化，滨海城市海陆界面因其独特的条件优势和较独立的生态系统渐渐引起人们的关注，滨海海陆界面景观的建设被提上日程。上海、大连、青岛、厦门、海口等城市是较早对滨海区进行综合开发利用的城市，随着全球一体化进程和我国经济的高速发展，中小型的沿海城市也逐渐加入滨海海陆界面区的开发利用中来。

在 20 世纪末期，我国城市景观建设繁荣发展，出现很多只注重形式的滨海景观作品，造成了多个无效设计，建设到后期出现养护起来都较为麻烦的问题。直到 80 年代后期，我国的景观设计师根据国内外经验，逐渐摸索出景观建造原则，总结出在遵循生态可持续规划的基础上，景观规划设计应以修复自然生态系统，减少城市污染为前提。在这样的社会大环境下，滨海区海陆界面景观规划建设进入新的建造阶段，但是整体普遍仍处在初步探索阶段，规划设计所遵循的理论与相关数据，大多也是沿用或借鉴国外一些较成熟的案例或相关书籍材料，在设计开发初期缺少顺应我国基本情况的指导性方针和设计策略，这也是现阶段滨海海陆界面景观设计亟须解决的问题。随着时代的前进，国外对生态学的研究及取得的成果（表 1-2），逐渐被国内专家学者接受和认可，经过国内专家学者的传授，逐渐被应用到景观规划设计中，因滨海海陆界面区在城市的重要地位使其成为景观规划设计的首选之地，但因其环境的复杂性也让专家学者为之头疼。但对它的探索研究从未间断过，景观设计师逐渐结合其它专业知识对其环境的多变性进行改善，使其更具稳定性。在这种探索中逐渐建成了多个优秀的滨海景观，并对这些项目进行了后续追踪研究，虽发现有些区域的发展不尽如人意，但也为我国滨海海陆界面景观的研究提供了重要的一手实践资料。通过对国内相关滨海海陆界面景观的理论研究进行系统的梳理，对我们更深层次地了解滨海海陆界面景观并制定滨海海陆界面景观规划可持续发展的相关策略具有促进作用。

表 1-2　国内滨海景观设计相关资料

时间	作者	著作/文章/会议	相关思想理论
2007 年	张海兰、陈超	《理想空间 .22，栖水筑城：滨水地区规划创作与实践》	书中讲到人要利用多种学科的专业知识，从环境、社会、经济等多种角度对国内滨水区规划设计的相关策略进行探究
2008 年	林焰	《滨水园林景观设计》	书中通过大量的实例探究，总结滨水园林景观设计的相关理论并分类解析，根据人的需求，分析具体的设计案例，为滨水景观的设计与建设提出了新的发展思路
2011 年	王建国	《城市设计》	该书把城市设计学的相关理念带入滨水景观的设计中，从而探究滨水景观设计的发展
2011 年	施海权	《亚热带滨海城市空间形态控制研究》	通过研究国内外滨海景观的成功案例得出滨海景观空间应彰显滨海区域特色、滨海区的建设不仅需要相对成熟的设计体系，更需针对性较强的管理系统等
2016 年	魏国	《从可持续发展的角度对城市滨水景观设计的研究》	通过对滨海景观规划相关案例的解析，对比总结滨水景观设计应达到地块经济、生态环境、建设开发、视觉享受等方面的可持续发展

2. 国内对海陆界面地区的研究

王其优、蔡捷的《滨海沿线——海口形象设计的开端与环境体系的龙头》，胡海波、张孟哲的《大连城市滨水区规划与建设》，沈陆澄的《滨水地区开发的综合规划模式——以汕头市南滨-葛洲片区控制性详细规划为例》，王唯山的《厦门本岛东南滨海地区城市设计》等文章，主要从不同滨海城市的开发节奏、资源特点和滨海旅游角度，提出开发想法与策略。马正林认为古代城市用水和交通有着密切关系；吴俊勤、何梅提出滨水空间规划的三种类型，干哲新把城市滨水区建设分为保护、开发和再开发三种类型，龚维超从城市功能角度，提出观点和策略；俞孔坚提出很多关于景观生态学对滨水优化的相关理论；任雷基于环境心理学提出关于城市滨水空间的城市设计。

从 20 世纪末开始，国内多数城市陆续关注城市海陆界面区的开发利用，如天津海河沿岸开发、青岛新区规划、上海黄浦江海陆界面规划等。国内对滨海海陆界面景观规划的研究始于 20 世纪 80 年代，从缺少实践经验，主要借鉴国外城市滨海海陆界面开发的研究经验，到逐步开始从实践项目探索符合中国国情的滨海海陆界面景观规划设计的科学理论、规划方法和设计理念等。随着探索的深入，关于城市滨海海陆界面景观的研究慢慢进入经济、生态环境、法律法规等各个与之相关的方面。

1989年，张天立以大连滨海路海陆界面风景区为例，提出了滨海路风景区的建设要以改善滨海海陆界面区域小气候为主，促进其生态平衡发展，并以维护城市风貌为前提，遵循合理利用滨海海陆界面风景资源，开发海陆界面特色景观的开发原则，力求建设人工美与自然美统一的滨海海陆界面风景区。同时，他强调滨海海陆界面风景区的开发要以景观规划为依据，要明确划分功能区，使各功能区既具有自身特色，又保持整体协调统一。1990年，赵弗等人利用景观生态学的原理对海陆界面的景观生态特征作了分析并提出了规划意见。1995年，束晨阳在发表的《中国海滨景观：风景旅游资源的探索》一文中对海陆界面地区的风景旅游资源构成要素进行了系统的分析，将其划分成十大类、三十九中类和九十小类，并对主要滨海海陆界面景源进行详细分析，以便在今后的开发过程中更好地利用。同年，唐进群以福建海坛风景区规划为例，分析了市场经济下滨海海陆界面风景区规划所面临的问题，并提出了针对这些问题的应对方法。1997年，王素兰以秦皇岛黄金海岸为例，探讨了海滨海陆界面自然沙丘的成因、类型并对其进行评价。文章指出了滨海海陆界面自然沙丘保护与开发的目的和条件。1998年，吴庆书和杨小波就红树林滨海海陆界面景观的建设发表观点，强调了保护滨海海陆界面红树林的现实意义并分析了红树林在海陆界面景观的开发利用前景。1999年，彭建和王仰麟对我国沿海海陆界面滩涂景观生态作了初步研究。同年，潘永明和周荣辉通过研究上海金山区的绿化建设，提出了根据环境试点确定绿化特色的观点，要努力克服环境对绿化的影响，构建具有环保特色的滨海海陆界面绿化体系。在滨海海陆界面绿化建设方面，张万钧通过研究天津滨海海陆界面地区生态环境建设中的植物配置，提出了依据生态系统理论规划植物群落生态圈的理论，并对它的可行性和实施方法加以论证。2001年，魏民提出以生态意识为先导的旅游经济区规划应先处理好环境与经济效益的关系，同时还要处理好大、小环境的关系。2002年，贺旺通过对威海市金线顶公园设计构思的解读，总结了滨海废旧船厂景观规划改造应把握原有的地段特征，确定与滨海船厂密切相关的景观主题，要注重场地原有资源的可持续利用。在景观重组的规划设计过程中，要强调游人的参与性和对造船等相关知识的传播。2003年，吕晨等人在《感受海的意境聆听海的声音》一文中，强调城市滨海海陆界面景观设计应抓住地域文化，并将其融入景观规划设计理念中，着重阐述了如何利用景观资源来表达景观设计的主题与思想。2003年，于东明通过对山东6座沿海城市滨海海陆界面植物的分析，总结出山东滨海海陆界面植物的应用现状和存在的主要问题，提出了滨海海陆界面景观植物的选择与应用原则，并针对山东滨海海陆界面城市绿化普遍存在的问题给出了建议与解决对策。2004年，李征宇和黄世满在《海南岛海岸热带风景林带归化建设的研究》一文中阐述了海南岛海陆界面热带雨林的发展历程、海陆界面植被的现状、海陆界面热带植物的归化。以海南岛为例，总结了海陆界面热带风景林的建设目标、基础及构想，总结了不同的热带海陆界面群落该如何规划植物。池雄标在《滨海旅游理论与实践》中，对滨海海陆界面旅游开发的基本技术、管理问题等方面进行详细阐述，指出国内滨海海陆界面旅游开发所面临的挑战和前景。2006 年，伊爱娟在植物的选择、植物种植穴大小、植物的株行距，台风前对植物整形修剪，台风后大小乔木的扶正、及时排除积水、病虫害防治等方面总结沿海城市海陆界面通过绿化应对台风的对策。2009 年，黄明勇等人针对天津的滨海区海陆界面区域特点，总结了针对绿化的盐碱土改良技术和植物养护管理技术，并提出构建生态景观绿化的技术模式，为其它滨海海陆界面区域的城市绿化提供珍贵经验。2011 年，冯潇论述了近年来海平面上升给海陆界面带来的不良影响，同时他认为海平面上升对于滨海海陆界面景观设计建设也是一种机遇。景观设计师应根据其规律和特征在滨海海陆界面景观设计中创造顺应海平面上升的创新型景观形式。他还详细论述了悉尼海陆界面泳池和纽约盖特威国家游憩区两个应对海平面上升的景观设计案例。钟洁玲在《住宅区滨海景观带设计》一文中，论述了如何将城市滨海海陆界面景观带设计与滨海海陆界面住宅区设计结合，并探讨了城市滨海海陆界面景观规划的设计应怎样满足周边居民的生活功能需求。2012 年，季宏和王琼通过剖析福建马尾船政工业遗产的更新设计，探索了工业生产与工业遗产展示的“活态遗产”保护方法与更新策略，为中国的工业遗产保护与更新提供了新的经验。2014 年，吴丹子等人对全世界 25 个工业码头项目主导方式等各方面进行了深入分析，针对后工业滨海海陆界面码头区的景观规划提出了建议和策略。

通过对国内外滨海区的发展对比研究，发现滨海海陆界面景观规划的开发建设主要受主观及客观原因的共同影响。主观原因包括文化等因素，客观原因主要是社会、经济、环境三方面因素。因时期、城市发展、社会现状、历史文化等方面的不同，滨海海陆界面景观的开发出现了多种发展需求（表 1-3）。

表 1-3　滨海城市景观开发的主要原因和发展需求

原因	影响因素	现状	发展需求
主观原因	文化因素	历史文化保护热情上升	对历史遗迹、古建筑进行保护，尊重各地区风俗习惯
客观原因	社会因素	旅游业等服务行业的兴起	政府干预，构建发展的平台
		世界全球化的发展，人们普遍意识到户外休闲娱乐活动等思想的重要性	人们对公共空间的需求致使政府有关部门和社会建设越来越多的城市公共空间，给人们提供进行休闲、活动、娱乐的空间
		由于旅游业的发展，公共节日活动在城市的热度上升	
		社会对开敞空间的重视和需求	

续表

原因	影响因素	现状	发展需求
客观原因	经济因素	世界经济的全球化及产业结构转型，旧的产业结构逐渐被淘汰	大量的工业用地、交通枢纽用地被闲置；政府也期望发挥滨海区的价值从而带动城市经济发展，发挥更大的社会效益
		陈旧的航运交通跟不上经济的发展，先进的交通手段提升了空间利用率	
		第三产业的兴起，工业往郊外或发展缓慢的地区迁移	
	环境因素	旧工业对水体、环境的污染，生态系统遭到破坏	修复与保护生态系统，美化环境、改善水质、治理水体促使滨海周边环境改善

三、可持续景观规划研究

21 世纪初期，“可持续景观”“可持续发展”和“景观可持续性”进入大家的视野，很多相关文章被发表在非常有影响力的景观杂志及相关期刊上。“景观的可持续性”也逐渐成为一个被人们所熟悉的理念，伴随着研究的不断进步和深入，可持续理论的科学性和框架也越来越完备，如尽量降低人类对大自然生态系统的破坏，将自然环境的优化和社会经济可持续发展结合，使地球上的资源能够持续、反复地为人类提供优质服务。“可持续发展”是实现人与自然协调共生的有效探索，它重视的是人类在追求发展的进程中，学会主动尊重生态系统、追寻社会公正，最终达成人与自然的协调共生。可持续景观规划设计从本质上来讲指的是以自然系统交替更新为基础的再设计，包括最大程度上减弱人类对自然的干扰，最大程度保护环境的自然更新能力及充分运用自然的再生修复能力。可持续的景观理论是指在依赖自然交替能力而弱化人类的建造、设计等干预下，使自然生态环境能够完成自我更替及保持平衡。换句话说，一个达到可持续发展目标的景观规划应是可推动政治、经济建设，有利于生态修复与再生，带给人类较好的文化体验或具有教育意义，并有利于人类自身长期稳定发展的景观规划。

四、大连滨海路海陆界面景观规划的研究

在对我国国内的海陆界面景观规划研究中发现，20 世纪初期出现了很多只重形式的滨海景观规划项目，直接导致了项目后期维护难的结果。一直到 80 年代后期，我国的景观从业者才总结出景观建造要遵循生态可持续的基本原则，并

指明了景观设计应以修复自然生态系统，减少城市污染为重心。在这样的社会大环境下，海陆界面的景观规划建设进入新的营建阶段，但整体仍处在探索时期，设计所遵循的理论与相关数据，大多也是借鉴国外一些较成熟的案例或书籍材料，在设计开发时期欠缺顺应我国基本情况的指导性思想与设计策略，这也是现阶段滨海景观设计亟须解决的问题。大连滨海路海陆界面与其它国内滨海路相比，其地形相对复杂、自然环境保护良好，开发较早。在开发过程中不仅注重与周边环境融合，也运用了大量可持续技术，所以本书以大连滨海路海陆界面为案例，进行详细分析和介绍。

俞金国、李雪铭等相关人员用定量技术研究了大连滨海路景区，对海滨旅游景观廊道特征进行探讨，多方面多维度地进行了综合评价。黄平利、王红扬从生态学、物种多样性角度，提出景观生态优化模式。王佳从植物配置方面研究大连滨海路景区的植物配置特点，总结出了经验及建设对策。刘晶针对大连市滨海路的植物景观，通过对植物物候期的观测，从植物种类、植物观赏特性的角度，评价分析出适合大连市滨海路栽植的优良乔木及灌木的植物种类，并总结出适合每一个季节观赏应用的植物种类，以选出适合滨海路道路绿化的不同观赏级别的植物材料。孙明将从大连滨海路景观概念、功能、要素构成、观景方式及影响城市滨海路景观设计的因素等方面进行探讨和总结。丁银萍、杨向君、王琰探讨栈道历史及其分类特点，并通过工程实例介绍了木栈道修建的技术问题和结构类型。刘少才对大连滨海路的功能划分进行了评价。

第四节　海陆界面景观规划现存问题

随着人类活动范围越来越广，涉及层次越来越深，人类对当代景观产生了越来越大的影响，问题也随之而来。在维持社会经济增长的同时，为了改善生存环境，景观规划需要进行合理科学的设计与管理。可持续生态景观规划是在景观尺度上，在科学的引领下，平衡生态系统服务的供需关系，将生态、社会活动、经济活动过程反映到空间优化上，不断改善人类的生活环境。

我国海陆界面可持续发展中面临的主要生态环境问题，海陆界面出现的生态环境问题（图 1-7），有的源于陆地，有的源于海洋，形成于陆海相互作用过程之中，受到人类活动与气候变化双重影响（图 1-8）。特别是当前的人类社会经济活动，给海岸带生态环境带来了空前的压力，使海陆界面成为我国乃至全球三大生态环境脆弱带之一，不断威胁着区域海陆界面的可持续发展，主要表现在以下10 个方面。

① 人工海岸线无序增长，自然海岸线消失速度惊人。人工海岸线包括丁坝

和突堤、港口码头、围垦堤、养殖围堤、盐田围堤、交通围堤和防潮堤。自然海岸线长度及比例锐减、空间破碎化导致滨海重要生态系统损失严重。

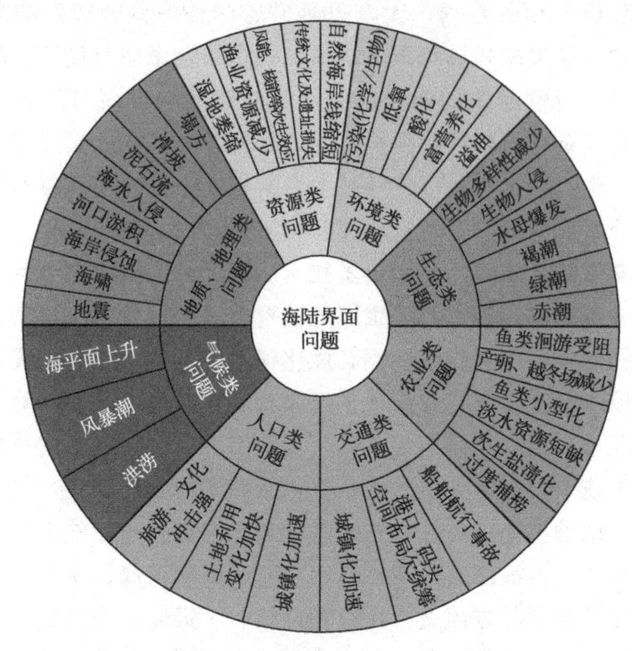

图 1-7　我国海陆界面主要问题综合图示

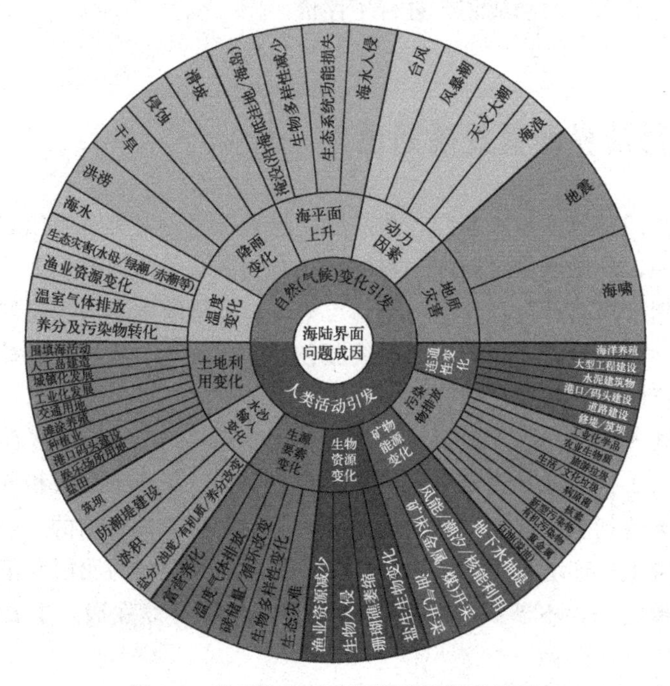

图 1-8　我国海陆界面问题成因集成图示

② 滨海湿地面积大幅萎缩，生态系统功能严重受损。大规模围填海，不仅减少了滨海湿地面积，改变了水动力，加剧了海岸线侵蚀，而且在破坏鱼类产卵场、育幼场和索饵场的同时，还降低了底栖生物多样性，减弱对水体的净化功能，导致生态系统功能严重受损。

③ 海岸蚀退和河口淤积加剧，滨海土地资源和港口受损严重。海岸侵蚀或滑坡导致滩涂资源丧失，沿海公路、农田、建筑等遭到破坏。入海河口的不稳定或淤积不仅影响海上交通，而且加剧滨海城市洪涝灾害，加快海水淡化取水口变迁，造成重大损失。

④ 海陆界面地下水超采，海（咸）水入侵加速，导致沿海地区淡水资源缺乏和土壤次生盐渍化及湿地退化，不合理开采地下水引起了大范围降落漏斗、海水入侵、地下水污染等问题。

⑤ 陆上石油泄漏和海上溢油引起海岸及近岸海域石油污染，使海陆界面生态环境与渔业资源遭受严重损害。近海石油污染问题不仅降低海域环境质量，破坏海洋生物栖息环境，而且损害生物幼体、鱼卵和仔鱼，影响海洋渔业和海产品质量。

⑥ 沿海地区风暴潮、洪涝和海冰等自然灾害频繁发生，灾害损失不断增加，海陆界面陆海相互作用强烈，生态环境缺乏稳定性，自然灾害频发。受气候变化等因素影响，东南沿海地区风暴潮、洪涝等自然灾害频发，渤海的冬季海冰影响海上交通。

⑦ 海平面上升趋势明显，潜在生态环境风险增大。全球气温升高会促使大洋海水热膨胀、陆地冰川消融，从而导致全球海平面上升。海平面上升会影响海岸带生态系统和生物资源，尤其是对由小岛和珊瑚礁组成的小岛屿。气候变化导致的海平面上升还会加速海岸侵蚀。

⑧ 近岸海域富营养化加剧，海岸带水体环境质量恶化。营养盐等生源素通过河流输送、大气沉降、养殖投放及废物排放等多种途径大量输入，使近海富营养化加剧，引发低氧区扩大、有害藻华、水母及绿潮暴发等严重的近岸海域生态灾害。

⑨ 海陆界面化学污染和微塑料污染态势严峻，危及海陆界面环境质量和海产品安全。除通常的重金属等污染物之外，近海水体、沉积物及海岸土壤环境出现了一些陆源新型污染物，如持久性有机污染物、抗生素、放射性核素、微塑料等污染物，其环境风险与损害正受到关注。

⑩ 海陆界面外来物种入侵，生物多样性变化，生态灾害频发，渔业资源下降。外来物种入侵海陆界面的主要途径有有意的人为引种和无意的船舶运输。其中人为引种的水生植物互花米草，已造成土著植物种群生长受限、生物多样性下降、生态系统服务功能削弱等后果。

综上所述，当前的海陆界面是高强度人类活动和全球气候变化双重影响下的空间单元。在这个空间单元，既包括复杂时空变化、多过程综合效应的陆地过程和海洋过程，也包括陆海交汇和多过程耦合的海陆界面陆海相互作用过程。这些作用过程给海陆界面带来了严重的生态破坏或环境损害，导致了生态系统服务功能、人体健康和财产价值发生了可观察的或可测量的不利变化，这也提醒我们将面临环境损害鉴定评估与生态修复问题。在对未开发的海陆界面区域以及已经开发区域，合理地进行有效的可持续景观规划，可以降低并最大限度减少以上所列举的海陆界面存在的问题，这也是撰写本书的初衷。

本章阐述了海陆界面可持续景观规划的界定、类型、特点、存在问题。在此基础上，介绍了国内外学者对海陆界面景观规划、可持续景观规划的研究动态。

第二章 海陆界面可持续规划理论研究

第一节 海陆界面景观规划与可持续理论

一、可持续景观规划概念界定

可持续景观规划是在生态系统可以承受的前提下对景观的条件、结构进行优化，充分运用当地环境资源，实现人与自然的和谐发展。景观设计师的主要任务之一就是加强对可持续景观规划的认识，在规划设计中做好分析，对生态环境做出最好的保护。

1972年6月，联合国在瑞典召开了第一次人类环境会议并通过了《联合国人类环境会议宣言》；20年后，1992年6月，在巴西召开了第二次世界环境与发展会议，会议通过了《关于环境与发展的里约热内卢宣言》《21世纪议程》等重要文件。这期间签署的《联合国气候变化框架公约》《联合国生物多样性公约》等文件充分体现了当今人类社会可持续发展的新思想。随后，可持续的理念渗透到各行各业，景观规划领域更不例外。1993年10月美国景观设计师协会（ASLA）发表了《ASLA环境与发展宣言》，提出景观设计学视角下的可持续景观发展理念，呼应了宣言中提到的一些普遍性原则，包括：人类的健康富裕，其文化和聚落的健康和繁荣是与其它生命以及全球生态系统的健康相互关联、互为影响的；我们的后代有权利享有与我们相同或更好的环境；长远的经济发展与环境保护的需要是互为依赖的，环境和文化的完整性必须同时得到维护；人与自然的和谐是可持续发展的核心。人类与自然的健康必须同时得到维护，为了达到可持续的发展，环境保护和生态功能必须作为发展过程的有机组成部分等。美国景观设计师协会提出景观是各种自然过程的载体，这些过程支持生命的存在和延续，人类需求的满足是建立在健康的景观之上的。因为景观是一个生命的综合体，不断地进行着生长和衰亡的更替，所以一个健康的景观需要不断地可持续再生。没有景观的再生性，就没有景观规划的可持续性。培育健康景观的再生和自我更新能力，恢复被破坏的景观的再生和自我更新能力，便是可持续景观规划设计的核心内容，也是景观规划设计学根本的专业目标。下面内容将详细讲解什么是可持续规划景观，什么是可持续景观规划之路，以及什么是可持续景观生态系统。

1. 可持续景观规划

通过前面内容我们不难发现，生态系统和景观规划有着千丝万缕的联系，可持续的景观规划都是具备完善的生态系统以及可重复性的。那么我们怎样将对自然系统造成的伤害降到最低，怎样最大程度上对大自然景观进行合理规划，这是值得我们思考的。很多人认为不该使用“可持续”这样模糊性的字眼进行论述，虽然无法量化景观的可持续性，但我们可以确定“可持续性的景观规划”应该具有哪些特征。非生物对自然的影响：在地面和地下水的平衡状态方面，可持续景观规划起到不可或缺的调节作用；自然风能、太阳能使地面上的氧气、有机质得以保留，不受有害物质、污染物的侵蚀。应该选用可再生、可循环的材料，同时也应当减少“生态足迹”以及不当的浪费。生物对自然的影响：本土生物的多样化有利于形成可持续景观规划，近年来保护数量稀少的微生物、动植物及其栖息地等，以及阻止外来生物对本地生物造成伤害，阻止破坏完整的生物群落是国家非常重视的任务。人文对自然的影响：我国人民对于文化瑰宝的重视能体现出可持续发展景观道路。从人们对于历史文化传承和发展的重视能够得知我们对于历史遗留产物等有着极其深厚的认同感。

2. 可持续景观规划之路

近几十年，我国已逐步形成了以现代科学为主导的可持续性景观规划设计体系。早在先秦时期，就有“斧斤以时入山林，材木不可胜用也”（《孟子》）这样因时制宜的生存法则；再如“竭泽而渔，岂不获得，而明年无鱼；焚薮而田，岂不获得，而明年无兽”（《吕氏春秋》），反映了不图眼前利益的足智多谋。农业生产的三大要素“时宜”“地宜”“物宜”与“天地人和”中的“三才”理念紧密相连。古人用石筑低坝挡水、溢流；抬高水位，可以灌溉作物，如历经两千年经久不衰的水利工程“灵渠”“都江堰”（如图 2-1）；祖先们将屋顶的雨滴收集起来再利用，如江南地区独有的平面布局方式——四水归堂（如图 2-2）。

谈论到先辈们的生存方式、技能时，不禁令人想到了现如今的生存状态。随着社会经济的高速发展，现在的技术、材料更新飞快，这个崭新的时代里可持续景观也迎来了属于它的时代，可持续景观规划发展的重要道路无疑是将景观规划

图 2-1　都江堰

图 2-2　四水归堂

和因地制宜的生态设计理念与技术结合，形成较为完善的生态系统，有关这些内容已有了相关的论证。俞孔坚等专家引出景观和城市生态设计中的基础理论，其中涵盖设计须尊重地方性，保护和节约自然资源，在技法和设计中凸显自然。本书从景观规划的核心对象和专业内容出发，从景观的规划和工程实施及管理各个层面来讨论可持续景观实现的途径。

从整个景观发展的大格局与可持续发展的过程以及意义方面来说，在自然生态系统综合体可持续发展中，对景观判断和设计的过程起到至关重要的作用。在此基础上建设稳定、持久与绿色生态的可持续生态基础设施。

3. 可持续景观生态系统

如果将景观想象成一个可持续生态系统，那么规划和保护好生态环境系统，以及调节生态系统中的能量和物质循环，可以实现景观的可持续性。利用自然循环来维持和改善有效的能源和资源循环和再生系统。高耸的山岭、茂密的丛林、潺潺的泉水、干净的池塘、物种丰富的湿地、铺满苔藓的小院、郁郁葱葱的草坪这些景观是一个完整的景观生态体系。在这些生态体系里时刻发生着物质、能量、信息的交换。若人类干扰较少，景观生态系统的可持续性就会通过生物链、生物、环境转换成动力源，对动力源再利用、循环、转换达到可持续性生态系统的稳定发展。在人们参与生态系统的情况下，景观生态系统就会被人类活动干扰，从而使得景观生态系统的可持续性遭受到一定的影响。对于生态系统中的景观，它的可持续性功能将会受到如下几点波动。

(1) 生物物种与生态过程呈现多样性与复杂性

由多种动物、植物以及微生物组成相关的自然生物群体，和繁琐多样的物质、能量进行转化，这种重复构建的生态体系要比单由一个物种所形成的景观生态体系更加具有可持续性。如今的城市景观规划改造，常常可以看到用“绿色城市”“生态家园”这样的词语作为噱头。然而水木丰沛的山林、蜿蜒曲折的河道这些原生态景观被人工模仿后，原生植物被人工种植替换，丰富多样的自然风貌变得呆板，使得景观的可持续性大打折扣。

(2) 景观生物与环境的适应性

简单来说是保护本土物种。物种通过长时间和当地自然气候、环境进行融合，共同生长，使得本土物种能充分发挥其生态功能，当地自然环境有符合生物生长的土壤、舒适的环境气候，存在致命天敌的可能性很小。澳大利亚的桉树想要在我国南方扎根生长（图 2-3)，就一定要适应当地景观生态系统。大面积种植桉树会产生适得其反的效果，若桉树成为单一种群，本土植物会逐渐减少，土地的肥力迅速下降，土地的再生能力遭到严重破坏，最终造成严重的景观损坏。如何合理引入外来物种，让其与本土植物相互融合，是可持续景观规划要解决的重要课题。

图 2-3　澳大利亚桉树

(3) 在景观的创建与维护中，人类在利用环境的同时，尽可能地减少人为的扰乱

在景观自然体系里，须对不同物种和生态进行保护，所使用的材料和相关工程技术要有利于生态可持续，减少损害及破坏。在秦皇岛汤河公园的改造建设中，景观设计者与建造师们，为了最大程度上保留原生态的自然河流廊道，将所有城市的设施如步道、座椅、灯光等融合在完好无损的河道基底上，将自然环境与一条飘扬的“红色丝带”的理念结合，最大程度上减少景观“城市化”。假设我们所设计的景观和建设管理的过程中，也能够如此地保护自然生态，那么现在的景观规划设计将离可持续性景观发展更进一步。

经过人为干扰的生态体系也被认可是可持续的景观建设，如以下几种情况。

① 将人为干扰控制在自然生态体系的容许范围之内时，对生态体系再生能力不造成太多影响的时候。最经典案例是2000多年前我国可持续水利工程项目，广西的灵渠、四川的都江堰，到目前为止仍在使用。古人运用的并不是高超的建造技术，但他们不仅在水利方面大获成功，也未对水的流通性和鱼虾的生存环境造成破坏，对自然环境施以最小程度的干预，在保证下游河道完整的同时，形成别具一格的美景。

② 人为的干扰使生产力不断提高，并且对自然生态系统的再生能力未造成破坏。有机农业便是这样的可持续规划设计。比如云南的元阳梯田和珠江三角洲的桑基鱼塘，少量施用或不施用有害的化肥、除草剂、杀虫剂，对景观生态系统的可持续性未造成破坏。

③ 由于人为的干扰，可以使被破坏的自然系统的再生能力得到修复，让过去污染和损坏的产业基地的自然生态系统通过景观规划得以修复。优秀案例参考德国的梅德里希钢铁厂（图2-4）以及中国的岐江公园（图2-5）。景观规划已然成为这个行业的掌舵者。笔直的河流、被开垦的湿地及湖泊也是受损的自然系统中最常见的现象。经过景观规划的重新创建，恢复自然河流和湿地系统提高自然系统的再生能力，进一步实现可持续发展。浙江省台州市的永宁公园就是这样一个例子。它以最经济的方式，将一条以防洪为唯一目的的硬化河道恢复，重建为充满活力的现代生态和文化娱乐场所。

(4) 景观的可持续和能源使用及工程技术

景观建设和管理过程中的所需材料都源于地球上的自然资源。自然资源分为再生资源（如水、森林等）和不可再生资源（如石油、煤炭等）两大部分。只对不可再生资源进行保护，减少使用，达到人们生存环境的可持续性的标准，还远远不够。如果对再生资源的使用不加以节制，不对其进行控制而肆意消耗，终究还是会取之殆尽。所以，对于再生资源主要采取保本取息的方法，而不是不留余地、肆意消耗。在景观建造及资源管理过程中所使用的能源亦是如此。2008年8

图 2-4　德国梅德里希钢铁厂

图 2-5　岐江公园

月 7 日，全国节约型园林绿化现场会在新疆库尔勒市召开。大会的主要内容是对过去城市园林绿化中的浪费行为进行深刻的反思，要全力采用节约型的园林绿化模式，会议上建设部门副部长对“开展节约型园林绿化，促进城市可持续发展”这一观点进行演讲，并展开了深入的交流和探讨，提出节约型城市园林绿化模式就是“以最少的用地、最少的用水、最少的财政拨款，选择对周围生态环境最少干扰的绿化模式”。当前我国面临着十分严峻的挑战，从构建和谐社会和城市居民的利益出发，要从科学发展观、建设节约型社会的政治高度来认识和发展节约型园林绿化。要尽最大可能削减对能源、土地、水、生物资源的使用，从而提升绿化使用效率。如果在景观规划中合理妥善地使用自然资源，如光能、风能、水能等，就能够在一定程度减少能源的使用。采用新技术通常可以在很大程度上削减自然能源消耗。尽管植物物种和植物的种植方法有所差异，例如林地取代草坪，本地树种取代外国花卉品种。不考虑维护问题的城市绿化，无论有多么美丽动人的景观也是一项非生态的工程。

从以下两个方面来减少解决能源消耗问题。第一，使废弃土地的原材料（植被、土壤、砖石等）发挥新功能，可以大大节约资源及能源消耗；第二，使用再生材料，景观物质和能量的流动是由“能源-消耗-汇集”组成的循环，因此没有消耗大自然能源。在现代化的城市生态系统里，这种流动是单向的，不是封闭的。所以在人们使用及生产的时候造成了大量垃圾与污水，对水、大气和土壤等自然资源造成破坏。

水资源的保护是当前景观规划关注的重点之一，也是景观设计师重点关注的一个方面。我国部分城市存在水资源短缺、洪涝灾害频繁、水污染严重、水生栖息地遭到严重破坏的问题，在景观设计师的集思广益下发现能够通过景观规划从减量、再用和再生三方面来缓解我国的水资源危机。通过实地调研考察发现，通过大量种植耐旱植物，减少灌溉用水，将景观规划与雨洪管理结合能够完成雨水的汇集和再利用，减少旱涝灾害。通过利用生物和土壤的自净能力来削弱水体污染，从而对水生栖息地、水系统的再生能力等起到修复作用。我国拥有庞大的人口群体，人口压力以及土地资源的限制，无一不在敲响着我国可使用土地资源匮乏的警钟，土地的再利用和再生成为我国实现可持续发展的关键。针对此问题衍生出了研究土地及土地上的物体，规划设计、保护、恢复和管理土地的学科，并将土地的可持续利用作为学科的重点内容。

在沈阳建筑大学的校园，设计师用东北稻谷作为景观材料，设计了一个校园稻田。在四季变换的稻田景观中，布置了书桌，将稻谷的气味融入书声中。使用着日常生活中最常见、最经济、最高产的材料，演绎当代校园中关于土地、人和农业文化的耕作和阅读故事，并形象演示可持续性景观的概念。

可持续景观是指具有可再生能力的景观，也可被定义为一个生态体系，它需要不断进化，才能够为人们源源不断地提供可持续的生态服务。在这个生态体系中，让自然过程和生物过程融合并相互作用。例如森林、湖泊和公园中的生物群落以及生物与环境之间的相互作用，都会因为景观格局和结构的改变而发生变化。通过对可持续景观的保护、设计和管理，实现地球环境的可持续和人类的可持续发展，这不仅是景观规划设计的核心，也是每个景观设计师义不容辞的责任。

二、可持续景观规划的评价

景观的评价就是对景观美好度的认可和对其优劣做出的评价。因此，做出正确的景观评价可以促进可持续景观发展，这是很有必要的。可持续景观规划的评价有利于增强规划的合理性，完善规划中各要素的布局与比例等综合的平衡。可持续景观规划评价旨在探求影响海陆界面景观可持续发展的因子，进而为改善海陆界面景观建设，实现海陆界面景观的可持续发展提供基础资料。

评价海陆界面地区景观，首先要考虑到其自然环境、地理位置、区位优势，以及景观独特性，海陆界面区域大多数都会成为人类经济社会活动最活跃和最集中的区域。世界上大约有超过60%的人口和2/3的大中城市集中在海陆界面地区；中国有高达60%以上的国民生产总值和城市人口都产生和聚集在沿海省份，而我国沿海省份面积大约仅占国土总面积的13.6%。沿海经济带的快速发展对海陆界面的资源环境有很大的依赖度，同时也对海陆界面的生态环境造成了很大的压力。1992年巴西里约热内卢环境与发展会议通过的《生物多样性公约》指出，保护陆海界面的生物多样性是全球环境保护中最薄弱的地方。

目前我国海陆界面资源环境开发利用面临着自然资源短缺、生态环境破坏、物种多样性急剧减少、环境污染事故多发等日益严峻的问题，已经引起了社会的密切关注，成为需要迫切解决的问题。海陆界面规划建设工程是人类为适应经济社会发展的需要而开发、运用和改造陆海界面的自然资源和生态环境的过程。

各类规划和项目建设方案对海陆界面资源环境开发利用的类型、方法、数量和空间格局进行了规划和安排，从而对海陆界面的生态系统、自然资源和经济社会的长久发展产生了深刻而久远的影响。生态承载力是海陆界面自然资源可持续利用、生态环境保护和沿海经济社会健康长久发展的现实准则，生态承载力评价是科学、合理、有序开发、利用和保护海陆界面资源和生态环境，保障海陆界面经济社会长久安定的关键支柱。国内外对海陆界面生态承载力的探究为促进海陆界面的资源环境保护和经济社会的长久发展提供了支持。策划建设项目是沿海地区经济社会发展的必要组成部分，海陆界面生态承载力评价是维护重要生态系统和物种生存环境、避免资源环境风险、实施可持续景观规划的前提。然而，海陆界面环境的生态类型相当复杂。到目前为止，国内外对海陆界面自然资源和生态环境的探究还处于调查和探索阶段，国内外尚无成体系、完善、一体的生态承载力评价体系。

现今，我国对海陆界面生态承载力的探究，在贯彻维护物种和生态系统的理念、资源的可持续开发使用、扩大研究内容、探索研究技术和方法等方面与西方发达国家还存在很大差距，在评价理念层面更多地看重经济效益和社会效益，从而相对忽略资源的可持续利用和生态环境的保护。在评价技术和方法方面，国外许多模型已有应用。因此，有必要结合当前海陆界面资源环境背景和我国沿海经济社会可持续发展面临的实际问题，在生态承载力定量评价和可视化领域进行深层次的研究，从而促进我国沿海地区经济、社会、生态文明建设，为沿海地区生态承载力的可持续发展提供大力支持。

海陆界面可持续评价是指为实现陆海界面可持续发展目标，根据相关指标体系，采用科学的方法和手段，对海陆界面区域的环境、经济和社会子系统的发展水平、能力、可持续性、协调性和公正性进行评价。评价的最终目的是为指导海陆界面的可持续景观发展提供决策依据。其中，海陆界面可持续发展的协调性和可持续性是海陆界面可持续景观发展的基本准则和主要内涵，是典型的两个评价指标。同时，也包含公平和公共性原则，如果没有协调性和可持续性，就不可能实现公平和公共性。本书在构建指标体系时，将综合考虑海陆界面可持续景观规划的协调性和可持续性。

创建一个科学有效的海陆界面可持续性评价指标体系是海陆界面可持续发展评价的基本和重心，而评价准则和模型的设计都是评价的重点所在。海陆界面可持续评价的主体是人，对象是海陆界面区域的环境、经济和社会复合系统。评估的原则是可持续发展的价值，评估是为了了解海陆界面区域的可持续规划发展状况和过程，以便有效地进行规划和调控。

三、可持续与海陆界面

可持续海陆界面探索，是海陆界面生态和谐统一发展的前提。现今很多沿海地区海陆界面环境状况的可持续性都不是很好，迫切需要以解决问题为导向的研究，从而在不断探索中解决人与生态环境失衡下产生的各种问题。与可持续发展直接相关的是一门新兴的学科——可持续性科学，研究人与环境之间的动态变化，非线性动力学、自组织复杂性、弹性、阈值、适应性管理、社会学习等是其重点。为了使可持续性科学具有操作性，须在合适的景观空间尺度上进行研究。景观遍及全球，为科研工作者、规划者、决策者、利益相关者提供了一个共同研究和探讨的空间单元。景观空间可持续规划研究聚焦于景观和区域尺度，通过空间显式方法来研究景观格局、生态系统、服务和人类居住地之间的动态关系，一个重要研究点是如何利用可持续方法和技术规划设计出更加合理的景观格局，进而保护生态系统，保障人类居住地。因此，可持续景观规划是在景观尺度上，在可持续性科学的指导下，深入了解环境与人类活动的动态关系，平衡生态系统服务供需，将环境、社会、经济活动过程反映到空间优化上，不断改善人类居住地的规划。

海陆界面是较为复杂、特殊的一类生态系统，其景观规划涉及海洋和陆地两大生态系统，因此坚持以可持续理论为指导，有助于协调这一独特生态系统的各种循环和平衡。可持续理论是海陆界面城市可持续性景观规划研究最为重要的理论基础，它指导海陆界面景观规划过程要综合考虑海陆界面环境、可持续利用和旅游发展。海陆界面如果得到正确的景观规划和管理，可以大大促进社会经济可持续发展和环境保护，增强未来发展契机并满足游客和附近居民的需要，既保持海陆界面生态完整和生物多样性，满足当地居民提高生活质量的需要；又满足游客审美等需要；保证旅游资源的永续利用，避免过度开发。

如果从海陆界面可持续的定义和内涵来分析，可持续与海陆界面有四个方面的内涵。

1. 可持续与海陆界面自然资源

发展海陆界面经济，开发海陆界面资源是必要的做法。开发时必须确保科学、合理地综合利用海洋和陆地接壤区域的资源，在其资源承载力范围内，最大限度地提高它们的经济效益，使其既要满足当代人的发展需要，也要为子孙后代的发展创造更有利的环境，为子孙后代的发展服务。至于可再生资源，例如渔业资源、淡水资源等，考虑到潜在的资源短缺问题，也就是说，在开发利用时不应该超过同一时期内可能出现和再生的资源总量，以免造成资源的枯竭。同时，开发生产和生活所需的不可再生资源，如海陆界面资源、陆地边界土地资源、沿海矿产和碳氢化合物资源时，应以科技创新为基础，不断寻找新的替代资源，达到对海陆边界资源的经济利用和综合开发，并通过法律、行政手段改变传统生产和消费模式，实行清洁生产和文明消费，发展循环经济，保证资源可持续利用，建设节约型社会。

2. 可持续与海陆界面生态环境

海陆界面处于海洋与陆地的衔接处，因此动态性和脆弱性是海陆界面生态系统的鲜明特征。正因为它拥有特殊的生态特点，所以需要合理利用其自然潜力和自我净化能力，加强环境监测、管理和保护，遵守基本法律和原则，同时发展海陆界面经济，建立与海陆界面的自然生态系统相协调的开发系统，并建立一个抗干扰的海陆生态系统，提高海陆界面生态系统的可持续性，保证其稳定性。海陆界面生态系统的平衡极易受到陆地污染物的影响，同时也遭受着海洋污染和大气污染的冲击，如果它被摧毁，重建和管理将是非常困难的。海陆界面附近地区的生态环境，具有高度的整体性和相关性，需要在沿海地区采取协调一致的行动和管理。生态环境不受到破坏，是海陆界面可持续发展持续性的必要条件。

3. 可持续与海陆界面社会经济

提高人民的生活质量，发展社会经济和促进社会进步，就需要可持续发展。生态持续、经济持续和社会持续是可持续发展的三个重要特征，以生态持续为基础，以经济持续为条件，以社会持续为目的，达到社会经济的可持续增长。海陆界面的可持续发展强调可持续，促进经济增长，提高经济效益，强调人的发展和社会的全面进步，在平等、自由的基础上为所有人创造和谐的社会环境，通过提高人民生活质量，改善健康状况，促进教育发展。海陆界面社会经济的发展离不开工业化和城市化两大重要策略，而加快工业化和适度城镇化是海陆界面地区经济社会发展的必要条件。社会经济发展程度与社会进步成正比，以经济发展来驱动社会进步就显得相得益彰。

4. 可持续与海陆界面社会环境

海陆界面地区的社会经济快速发展，工业化和城市化进程的加快也会导致海陆界面地区海洋和陆地环境的恶化，沿海地区的污染源增加，海洋的自净能力受损，并造成淡水、土地和渔业资源紧张。海陆界面可持续发展的根本意义是在保护环境利益的基础上，在可持续发展的条件下，促进全人类社会的共同进步，不仅仅是为了当代人更为了后代人的持续利益。而且，只有按照制度原则，以自然保护为基础，将人口、资源、环境结合，形成一个集社会环境于一体的立体复杂体系，才能够实现稳定可持续的、平等的、共同的发展。否则，整个系统将被摧毁，甚至消失。在这方面，需要修订和完善与海陆界面可持续发展有关的法律、规章和政策制度，建立合理的海陆界面管理体系，加强海陆界面综合治理，寻找一种相互协调的发展模式，包括人口、资源、环境，全面提升海陆界面可持续发展能力，促进海陆界面综合、协调和持续地发展。

第二节　海陆界面景观规划与城市规划学理论

一、城市规划与海陆界面景观规划

城市规划主要确定城市的用地性质、布局以及规模，建立引导机制和控制规则。滨海城市的规划包括海陆界面的景观规划，海陆界面的景观规划与城市旅游规划相辅相成，更应该与城市规划相符合。

海陆界面景观规划通常是在滨海城市规划建设基础上的再规划、再开发，所以海陆界面景观规划和建设必须与现有城市规划和建设统一考虑，这包含两种作用，有利方面是海陆界面城市中的基础设施（含生活、接待设施）利于游客开展旅游活动，海陆界面城市对外、对内的交通体系可促进旅游业的生存和发展等。不利方面是海陆界面城市原有的规划建设可能更多地体现城市发展和居民的利益，而忽略游客的需要。例如，海陆界面城市园林绿地系统规划作为城市规划的专项规划，虽关乎城市旅游，但其作用局限性不小。它主要以城市发展和居民游憩活动需要为基本出发点，忽略了游客对使用功能的需求，无法充分满足游客对城市海陆界面景观环境的要求；商业等公共设施的布局，更侧重居民需求，对于游客使用要求和其与景点的配套建设可能考虑不到；城市供水、交通等基础设施的规划，也多以居民生产、生活需要为出发点确定规模与布局，却没有照顾到游客。综上所述，在对城市原有规划进行细致解构和研究的基础上进行海陆界面景观规划，并对其做出适当的调整，有利于城市规划和未来城市发展。一个城市所蕴含的文化是城市规划的重要基础，文化的发展不仅对城市规划有一定的指导作用，同时也是一个城市文化的重要体现。城市规划的目标是想要打造一个适宜人们居住、游览的集合体，而区域文化作为城市规划的重要载体，从而更好更快地推进城市的经济发展，实现城市的统筹规划。随着现代社会的飞速发展，城市化以及工业化的进程也在不断加快，我国的一些城市只是一味地追求物质层次的建设，这就造成了在进行城市规划的过程中，逐渐丢失了不同城市所特有的地域文化和人文特色，城市面貌也在被逐渐同化，呈现出“千城一面”的景象。城市所承载的文化内涵是城市的灵魂，城市文化的丧失长远来看也将会导致城市建设止步不前。

城市要想朝着更好更正确的方向发展，必须要有一套行之有效的合理规划。为了在一段时期内实现城市经济的快速增长以及社会稳步发展的宏伟目标，需要我们明确城市性质、规模以及发展方向，并且对城市土地进行合理的规划利用，协调城市的空间布局以及城市各项指标建设的合理安排和部署。一般我们把城市规划分为总体规划和详细规划两大层次，详细规划又分为修建性详细规划和控制性详细规划。城市规划不仅是城市建设和改造不可或缺的一部分，更是城市文化的体现和传承。城市文化展示的是城市的风貌，体现了不同城市所独有的个性，加强城市文化的传播更有利于打造城市文化特色，促进城市的可持续发展。

为了更好地说明海陆界面与城市规划之间的联系，以舟山市为实例解释这一影响机制的运行。为了更有效地指导浙江省舟山新区的科学发展，同时贯彻落实国家的战略部署，提高全民的综合素质，优化城镇体系的统筹布局，完善道路交通规划以及市政设施建设，舟山市编制了《浙江舟山群岛新区（城市）总体规划（2012—2030 年）》（下文简称《总规》）。通过该《总规》，规划部门对舟山市的重点岛屿进行重新规划建设，努力打造独具特色的花园城市景观结构。并且对舟山岛屿的布局、用地、交通、环境、名城保护方等各个方面都作出了系统的规划。

舟山市是海岛城市，特殊的地理位置和广阔的自然海域限制了人们的日常活动范围。早在古代社会，河姆渡人曾生活在这里，并以捕获海洋生物为生，他们常常将自己的住处安置在海边较为平坦的滩涂区域。考古学家发现，早期河姆渡人的原始部落大多坐落在一些河岸的台地附近，这也与当时河姆渡人的狩猎、捕食、采摘等社会活动相符合。在漫长的岁月中，海岛居民也形成了他们所独有的社会文化以及民风习俗。这里汇集了原始先祖的文物、历史名人的足迹、抵抗外夷的旧址，以及带有宗教特色的观、庙、阁等建筑和佛像雕塑，是一座名副其实的“文化博物馆”。

随着时代的不断变迁，这座岛城由于受到自然环境以及风水习俗的影响，当地的居民们也逐渐将栖息地迁移到山脚。在《风水探源》一书中潘谷西教授曾指出：“风水的核心内容是人们对居住环境进行选择和处理的一种学问，其范围包含住宅、宫室、寺观、陵墓、村落、城市诸方面。”

舟山市的城市规划包含人口规划和用地规划两个方面，一方面，舟山市的城市面积大约 2.22 万平方公里，主要由 1390 个大大小小的岛屿组成，但该市的陆地面积却只有 1440 平方公里，陆地面积小也限制了城市规模的扩大。另一方面，当地的居民常常以海上渔业为生，这也造就了他们敢于开拓的精神品质。许多居民随着经济、交通的发展也逐渐背井离乡，走出岛屿，迁往其它城市，这也导致了舟山地区的原住居民不断减少。

如今，作为国际性港口城市以及海洋经济先导区的舟山市，到 2020 年其中心城区人口规模达到了 85 万人，城市的建设用地面积也达到了 95.6 平方公里。

海陆界面气候对舟山市植物的影响。舟山市属于北亚热带南缘季风气候，因此海洋性气候明显。国家提出浙江生态省建设之后，舟山市发展当地生态园林建设更是具备着独有的优越条件。舟山作为海岛城市，在植物配置方面，为了突显当地的海岛特色和人文需求，遵循因地制宜的规律。当地的新木姜子是全世界唯一以舟山城市命名的一种乔木，同时也被选为舟山的市树。该树种体形高大，成活率高，生长速度快，一般适宜生长在长江流域以及沿海地区，一年大约有两到三次花期，树形优美，是一种难得的城市绿化树种。如图 2-6 所示，阳光下的舟山新木姜子熠熠发光，它也被舟山当地居民誉为“佛光树”。

图 2-6　舟山“佛光树”

海陆界面对舟山交通规划的影响。舟山也被称为“千岛之城”，跟其它内陆城市相比，舟山最大的交通特色是海陆空三种交通方式齐全，能够与深圳、广州等一线城市相提并论。起初，陆路交通是舟山最不方便的出行方式，后来杭州湾跨海大桥的开通使舟山拥有了连通内陆的桥梁，使舟山的居民非常方便地来往于内陆各城市，更让舟山港口成为我国进出口货物的重要海上港口之一（图 2-7），舟山传统文化也随之被推广到世界各地。此外，海上水运交通也是舟山一种特有的出行交通方式，便捷的水运航道更是将附近各个岛屿很好地连接起来。

图 2-7　舟山海陆界面

在这里，航道犹如星盘，纵横交错，码头众多，从古代至今有大大小小的码头和客运轮渡，在舟山城市交通发展中扮演着非常重要的角色。航空运输的发展成为舟山市旅游业的重要一环，到普陀山景区以及整个舟山群岛游玩的游客，都会被吸引过来到此游玩。因此，海陆空三种出行交通方式将舟山独特的文化推向世界。

海陆界面对舟山地域性建筑风格的影响。舟山因特殊的地理位置以及渔民独有的生存方式对其城市规划的建设形态形成重要的影响。由于舟山属于岛屿，其海洋地理位置和环境受大海阻隔，加之岛屿社会空间的相对独立性，舟山的建筑和景观呈现出独有的特质。当地人在与大自然的共处、对抗中，发挥自己非凡的智慧，创造了与内陆地区人们截然不同的带有实用主义风格的建筑风格，其中，渔民、农家、商贾、当地民居是舟山的重要代表。多石少木、完善的雨水收集系统、依山而建，紧凑的群体空间布局模式、低矮的单体房屋结构等，在当今舟山市现代建筑中依然展现着舟山所独有的传统文化内涵。城市的地标性建筑是一个城市文化的主要体现方式之一。普陀大剧院是体现舟山普陀区最具代表性的地标建筑，它建造在舟山群岛蜿蜒的海陆界面上，与对面的普陀山岛遥相呼应。普陀大剧院有自然的曲线轮廓，外层覆盖白色六边形类似渔网的表皮，远观犹如一朵巨大的白色浪花，近观仿佛一张白色巨型渔网（图 2-8）。

图 2-8　舟山普陀大剧院

大剧院的建筑风格既表达了舟山的全球化视野，又展现了普陀的宗教文化特色，是一座造型独特、文化内涵丰富的地标性建筑。未来舟山的城市景观、建筑规划，紧紧抓住“海丝路”历史积淀和“自贸区”发展新机遇，使各个海岛相连。依山傍水的舟山群岛地处中国东部黄金海陆界面与长江黄金水道的交汇处，舟山有着得天独厚的海上地理位置，加上国家政策的大力扶持，舟山市城市发展形成了属于自己的新格局。舟山群岛新区的建设进一步推进了宁波—舟山港与长江经济带内陆口岸的合作，为“新海上丝绸之路”的建设提供了必要的基础和条件。舟山市的城市建筑及景观规划要想有一个长远的发展，就必须将当地地域民俗文化与创新海洋文化结合，真正做到城市居民与城市建设的和谐统一。

从舟山的城市规划，我们可以看出城市规划与海陆界面景观规划的统一性，只有把城市规划与每个城市独特的城市文化结合，其沿海地区的海陆界面规划才会随着城市规划的脚步，逐步完善并形成自己独特的景观风格。

二、城市风貌与海陆界面景观规划

景观规划不只是探索超越艺术美学的设计，同时也作为一种机制，用来协调生态环境问题与社会问题，从而对自然生态系统的多样性与社会人文景观的复杂性进行保护与改善。无论是在对城市人文环境的保护性景观规划方面还是在建设海陆界面景观规划方面，都需要做到在保护生态环境、缓解生态问题的同时也时刻关注社会人文景观的多样性与复杂性。海陆界面景观规划的重点在于海陆界面的景观中所存在的景观风貌特点与存在于其内核中的艺术美学，而大多数人认识中的景观风貌更倾向于社会人文景观，这一点正需要通过合理的艺术美学设计将其展现出来。

海陆界面景观规划的侧重点首先在于对自然生态系统进行科学、合理、有效保护的基础上同时彰显在景观规划中艺术美学的不可或缺的作用；其次，在人为参与海陆界面景观规划的同时，也要通过合理的手段将人类活动对海陆界面地形地貌环境和生态系统的破坏降到最低，利用更侧重于保护生态环境、解决海陆界面景观现存生态问题的手段对其进行保护与改善，从而在达到契合城市建设发展需求与目标的同时也对城市人文环境与生态环境进行合理有效的保护。长期的人类活动对自然生态环境和景观环境形成一定的改变，同时与当地特有的地域特色文化相互交织，进而形成每个城市独一无二的城市风貌，无论是最为古老的海洋文明、民间风俗文化还是现今的城市特色文化，都是城市风貌的一部分。通过艺术美学的手段对海陆界面景观进行规划时，在保护城市生态环境和人文环境的基础上，增添海陆界面景观的独特性，缓解海陆界面景观的生态环境问题，从而形成人与自然、自然与社会合理有效、共同发展的良性循环。由于城市风貌是每个城市所特有的，在对海陆界面进行景观规划的过程中要做到具体问题具体分析，根据各个地区的生态环境与人文环境特点对不同地区的城市风貌进行分析与调研，总结其客观规律，将海陆界面景观环境与城市人文环境按照艺术美学的原则结合起来，并且在进行合理的景观规划与保护时，将海陆界面本身具有的景观环境特点作为规划的出发点进行考虑，从而对海陆界面景观环境进行保护与改善，同时也使其能够更加充分地展现出城市风貌的独特性，优化游客的感官体验。

一个地区特有的社会人文环境特点与其地理环境结合即为独一无二的当地风貌。“风貌”一词由“风”与“貌”两个字组成，风即地区民风民俗、人文历史、文化环境等非物质文化因素；而貌则更侧重于表达地理方面，如地形地貌、气候、生态等可见的物质环境特点（表 2-1）。

表 2-1 风貌基本构成

风	貌
社会风俗	地形地貌
历史文化	气候特征
戏曲传说	植被
民族宗教	水文
政治经济环境	建筑色彩
市民精神气质	城市布局
……	……

长时间的人类活动，如工业技术不断进步、历史文化不断发展、地域文化底

蕴不断沉淀，以及市井生活的不断改善等，与城市当下现存的生态环境相互交织、缠绕，最终演变成独有的城市特色，城市风貌不仅仅是城市文化历史底蕴的展示，更是城市独有的城市名片（图 2-9）。

城市风貌不仅是整个城市中的自然生态环境，城市天际线、城市建筑、城市交通环境与交通模式、城市公共绿地空间，以及城市功能分区等外显的景观，更是无形的城市民俗文化、历史文化底蕴、经济水平、教育科学发展，以及城市居民心理和精神状态等内在特点的彰显。城市风貌能够映射出每个城市的特点与文化气质，在契合人们审美方面的精神与心理需求的同时实现对城市空间格局的规划与展示。

图 2-9　大连城市风貌

1. 特点

（1）整体性

在城市整体规划设计中，城市风貌能够为城市空间布局规划提供宏观上的指导，同时也能够对城市社会人文方面的发展提供一定程度上的帮助。例如，山东省青岛市制定了相关的规章制度和法律法规，对能够在整体规划中彰显城市风貌的建筑等进行保护，进而逐渐形成了现在我们所看到的青岛的整体城市风貌（图 2-10）。

图 2-10　青岛城市风貌

(2) 历史性

所谓的城市风貌，就是城市独有的气质日积月累逐渐发展而成的，随着城市历史文化底蕴的不断积累和城市生态环境的不断进化，在各种不同的经济社会和文化的演变中不断变化，同时也需要契合当下政治经济情况，不断分析、改进，进而逐渐完善。例如德国富尔达（图 2-11、图 2-12），这座城市的城市风貌在经历了不断更迭的洗礼之后，浓厚的历史文化底蕴也在时间的长河中逐渐融入其城市风貌之中，为这座城市增添了十分鲜明且独具魅力的历史感。

图 2-11　德国富尔达街道建筑

图 2-12　德国富尔达教堂

(3) 限定性

城市风貌受到当地地理环境的制约。例如，新疆位于中国西北地区，远离海洋，深处内陆，四周有高山阻隔，海洋气流不易到达，形成明显的温带大陆性气候；气温温差较大，日照时间充足，降水量少，气候干燥，当地居民为了适应恶劣的生存环境，创造出利用泥土搭造房屋的独特建筑形式，也因此逐渐形成了新疆如今展现给世人的米灰色建筑与城市风貌（图 2-13、图 2-14）。

图 2-13　新疆南疆夜色

图 2-14　新疆南疆建筑

（4）复杂性

城市风貌中蕴含的创造性更优于标准性。在对城市风貌进行规划设计时，设计师需要考虑更多的是如何才能在达到满足游客感官体验目的的同时对当地特殊的自然生态环境与社会人文环境进行保护与改善，而不仅仅是通过生硬的、规范的景观规划手段将城市风貌束缚于规范的条条框框之中。

海陆界面所处地区有着较为复杂的地理环境与生态环境，因此在对海陆界面景观进行规划的时候需要时刻考虑到该区域与城市的整体性、历史性、限定性、复杂性，并在做规划之前进行严谨的、科学的调研工作，只有在充分了解城市风貌与自然生态环境、经济社会人文条件等相关信息之后，才能更好地完成海陆界面景观规划设计。

2. 多样性

（1）构成要素

外部景观环境与内部人文环境是构成城市风貌的两大主要要素。其中外部景观环境分为人工环境系统和自然环境系统（表 2-2）。外部景观环境的人工环境系统主要由道路、建筑、色彩、市政设施和空间布局等内容构成；自然环境系统则是由地形地貌、气候、水文、生物、园林绿化等主要因素组成。而每个城市的风土人情、历史文化、产业结构、教育水平、市民精神气质、政治经济环境等是其内部人文环境的重要组成要素。

表 2-2　城市风貌构成要素

外部景观环境		内部人文环境
人工环境系统	自然环境系统	风土人情
道路	地形地貌	历史文化
建筑	气候	产业结构
色彩	水文	教育水平
市政设施	生物	市民精神气质
空间布局	园林绿化	政治经济环境
……	……	……

一个城市的地理状况形态、道路网络与空间布局功能规划是城市空间结构的基本框架，决定着城市的核心承载力及功能结构布局，同时也在更重要的层次上影响并决定着城市的风貌。自然环境、建筑风格表现、城市色彩变化、景观形象塑造和绿化等是城市风貌的外在表现，以上所述的外在表现形式是在人文环境的影响下形成的，它们共同决定了城市的风貌特点，很大程度上影响并满足了人们的视觉和感官体验。从本质上来说，城市风貌在实现城市实用功能的同时满足了审美功能，是功能与视觉审美的统一。城市建设中在经济社会发展的需求下，不能只追求实用功能而忽略对审美的需求，同样也不能只追求外在而忽略城市实用功能，两者相辅相成、相互统一。只有正确处理两者之间的关系，最终才能形成独特的城市风貌特色。

（2）影响因素

大体上来说，外部和内部环境是城市风貌的主要影响因素。地形地貌、气候特征和生态环境等自然生态环境因素都属于外部环境，内部环境则是历史文化、风土人情、城市生活和文化科学水平等人文环境因素。外部环境影响城市风貌的整体特色，城市风貌的外在决定因素是外部环境。地形地貌决定着城市的空间功能划分，还决定了城市的基本空间格局，同时独特的地势环境还形成了特有的景观环境，如山脉、草原、盆地和沙漠等，这些成为城市风貌中的个性化景观。气候特征在一定程度上作用于城市的氛围与市民气质，影响城市环境格调的是生态环境，这些因素决定着城市风貌的形成。如山城重庆，是在山地、丘陵和长江水系的基础上进行规划建设，而重庆之所以是一个多雨、炎热、多雾的城市则主要因为亚热带季风性湿润气候，这样的气候特点同时也造就了重庆人火辣直爽的性格。重庆是典型的依山傍水的山地城市，连绵不断的山川丘陵和高楼大厦交相呼应，形成了错综复杂、变化莫测的城市格局。在这种自然环境的影响下，山城重庆和雾都重庆形成了独特的城市风貌特征（图 2-15）。

图 2-15　山城重庆

城市风貌形成的基础在于内部环境。在城市的历史演变中，不同的城市在历史的发展中形成不同的印记，有物质形态领域的，如建筑、寺庙和街道等历史遗迹；也有非物质形态的，如民俗、历史故事、文化传说等。地理环境和气候条件逐渐在历史的发展中形成了风土人情，城市风貌在市民生活和文化科学水平的影响中最终形成。

简·雅各布在《美国大城市的生与死》中指出：从城市漫游车的角度来看，被夷为平地的贫民窟比精心策划的地区更能够代表生活。城市需要传统的街道，宜人的小社区、老房子，而不仅仅是相同的方形网格和巨大的建筑物。这些一起经过长期的加工和转化才能逐渐形成城市风貌。

因此城市风貌不仅仅是由自然环境和历史文化决定的，受市民生活和文化科学水平影响的部分更关键。城市的空间格局也受市民的生活习惯影响，而文化科学水平决定了空间结构的布局是否科学合理。

合理地保留有文化价值的历史遗迹对城市的发展很重要，而百姓的生活习惯也影响着一个城市的空间结构。二十世纪五十年代，对北京城进行规划建设时，大多数人认为北京城墙已丧失原本的功能属性，阻碍了城市建设的发展进程，城墙也因此被大量拆除，而北京的城市风貌同时也受到了很大程度的影响。又如青岛，曾以红瓦、绿树、碧海、蓝天而著称。历史上德国和日本分别占领过青岛，占领时期青岛的城市规划建设受到了这两个国家的建筑风格的影响，留下了大量的德式建筑和日式建筑。如今青岛市对一些遗留下来的建筑进行了保留，很好地展现了青岛的发展历史（图 2-16）。由于青岛处于沿海地区，城市本身就有着丰富的海洋文化，例如：祭海、打渔的传统演变成当今青岛人喝啤酒、吃海鲜的习惯，青岛的城市风貌特征正是受这些历史文化因素影响而形成的。

图 2-16　青岛老城德国建筑群

人们通常会通过城市风貌特色来了解一座城市，而城市风貌特色又是人们对城市形态的总体印象，是城市的社会、环境、经济、地理、文化、历史等方面体现出来的总体特征，是城市物质及精神层面的外在展现。城市风貌影响着城市的地域特征、历史文化轨迹的发展和当地人们的自然社会形态；全面反映了一个城市的景观结构和形态特征，是景观作为视觉文化符号的综合体现，更是生态和经济发展过程的体现，并讲述着一个城市的历史故事。城市风貌既要表现视觉美，又要健康有内涵。

海陆界面是打造滨海城市最具特色的核心区块，海陆界面景观的开发和利用也是每个城市形成独特景观的重点；通过合理塑造优良的视觉形象，可构建出山、海、城三景互相融合的丰富景观特色。在海陆界面景观规划中，要注重城市历史文化，保护滨海道路沿线自然景观与人文景观，展示出良好的城市海陆界面风貌。海陆界面的地貌主要有海岸侵蚀地貌和堆积地貌两种，还包括沙滩、淤泥滩、海崖以及海蚀平台等特殊地貌。不同的地貌与当地地理环境相结合能够产生多种多样的城市风貌。并且海陆界面的景观环境也会由于潮汐作用和风力侵蚀对其地形地貌产生影响而不断改变其生态环境，进而变换出各种不同的景观效果。

人们对自然景观环境的不断改造加工和在地域文化的相互碰撞下逐渐演变形成了城市风貌。地域文化、城市文化、海洋文化组成了沿海城市的城市风貌特征，这种自然环境是城市风貌的基础，因此海陆界面景观规划是展现城市的景观特色，也是表达城市风貌特色的独特景观形式。现今国家对城市风貌建设越来越重视，作为城市未来布局的重点区域，海陆界面对城市风貌的塑造具有重要作用。从城市风貌的构成上来说，包括海陆界面自身经过长期的自然演变，而形成的自然地域景色以及人类经过长期的规划建设沿海陆界面所形成的城市格局。在保护城市风貌的基础上丰富海陆界面景观特色，形成和谐发展的局面在于改善海陆界面景观环境，实现人与自然的和谐共处。

海陆界面往往承载着海滨城市的人文风情，是城市形象的代表。对沿海城市来说，海洋文化是其城市风貌不可或缺的潜在文化基因，是城市景观中最富有特色的一种景观形式，海陆界面从定义来看本身就是一种风貌形态，海陆界面景观对于展现城市风貌有着非常重要的现实意义。海陆界面景观与城市的总体风貌特征是相辅相成的，海陆界面在展现本身景观特色的基础上，丰富了城市风貌的内涵。城市风貌的独特之处存在于海陆界面景观各系统中，对城市风貌的展现和保护产生积极影响。加强对城市风貌的分析评价，研究其各方要素，分析其鲜明特色和问题在海陆界面规划设计过程中是关键所在，城市风貌的特色要融入海陆界面景观规划设计的各个子系统，将海陆界面景观与城市风貌进行有机结合。同时城市风貌的自然表达是海陆界面本身，在进行规划设计时，要尽量打造海陆界面本身的景观特色，要从保护海陆界面景观环境开始，使海陆界面充分展现城市风貌特色。

海陆界面景观设计的意义在于是在海陆界面保护下的利用，保护城市风貌以利用海陆界面为前提。城市风貌保护下的海陆界面景观，在规划和设计中，要坚持自然与人文相统一、功能与美感相融合、文化与科学相促进、整体与部分相结合、过去与现在相连接，以及共性与个性相联系的设计原则。以城市气质、突出特色为追求展现城市风貌，突出城市风貌和美化城市环境的核心手段就是海陆界面景观规划设计，具有鲜明特色和突出景观形象则是规划设计的基础与核心。在海陆界面自然空间内，应着重协调人工景观与原有景观，合理扩大休闲活动空间，以保护整体城市风貌特色为主，城市功能空间区域、建筑与市政空间和公共设施等要与自然空间区域的景观进行有效连接，还要尽可能保持与老城区整体风貌的统一，以体现海陆界面景观与城市风貌的和谐，实现功能与审美的协调统一；海陆界面景观环境绿化要根据海陆界面的地理条件和生态、气候等特点进行乔木、灌木和地被植物的合理选择，同时根据自然和城市空间区域的不同进行市政设施系统与人文景观的布置建设，形成自然与城市环境相统一的、鲜明的城市特色风貌。

三、城市景区与海陆界面景观规划

城市景区只是城市海陆界面中的一个景观节点，但却是海陆界面景观规划中的重要结构要素，景区的性质、规模、数量等影响着海陆界面生态系统的结构和稳定性等属性。

城市中各种类型的旅游景观斑块都包括在城市景区中，海陆界面景区是其中一种特殊景观类型，它不同于典型风景名胜区或旅游胜地那样显示在背景基质上，而是与不同类型景观混处，相互借景。如城市海陆界面区原有历史文化和自然遗产（文物古迹、历史地段、传统街区）等都应融入海陆界面可持续景观规划中，以构建海陆界面区的整体风貌、绿化系统及卫生环境等大环境，所以在进行海陆界面景观规划时要充分考虑它在城市景区中的位置、环境、人文、历史等各方面因素。

波托菲诺是意大利利古里亚城市景区中最具有当地文化特色的海陆界面村庄景区之一。该景区港口面向利古里亚海，坐落在一个内弯海陆界面内，许多游艇停靠在此处（图 2-17）。尽管景区面积不大，但波托菲诺是一个集当地历史、人文、自然环境于一体的优良城市海陆界面景区。它独特的景观特点和环境氛围吸引了众多艺术家和知名人士，来这里创作和度过轻松的假期。游走在波托菲诺街道上，可以看到该地区最具代表性的花卉图案，图案被很好地应用到该地各处景观节点中，体现了当地特色文化。若要看反映该镇海洋文化的色彩绚丽的房屋，可步行到港口（图 2-18）。在这里，可以乘船领略利古里亚海陆界面整体风貌。

图 2-17　波托菲诺海陆界面景区

图 2-18　波托菲诺色彩绚丽的房屋

位于泰国湾的苏梅岛是泰国第三大岛，最窄处 5 公里，最宽处 21 公里，绵长优美的海陆界面是苏梅岛最大的优势。苏梅岛上干净、狭长的白沙滩，是热带岛屿独有的特色。这里的佛寺建筑精致美观，具有浓厚的东南亚色彩。迷人的亚热带风光和佛教文化、独特的民间风俗，吸引着世界各地的游客前来观光旅游（图 2-19～图 2-21）。从苏梅岛整体的海陆界面景观看，处处都能体现当地的人文历史，人们身处其间，不但身心能得到放松，也能很好地享受独有的东南亚风光。

图 2-19　苏梅岛入口大门

图 2-20　苏梅岛景区海陆界面

图 2-21　苏梅岛海陆界面鸟瞰

第三节　海陆界面景观规划与环境行为心理学

一、海陆界面环境中的行为研究

通过对环境行为学进行研究，可令设计师明确使用者的需求。水是景观环境的重要组成部分，从城市规划角度来讲，人天生就具有亲水性，城市多设在近水处；从景点开发角度来看，景观规划的重要节点及景观带也多设置在滨水滨海等地带。

希腊学者道萨迪斯概括人对聚居地的需求：人对环境的需要首选是安全，即有关生存条件等自然因素；其次为选择的多样性，即满足人们得以根据其自身的需要与意愿进行选择的需求；最后是满足需要的因素，涵盖与自然、社会、人为设施最大限度的接触。通过合理规划，取得以上几方面的平衡，即营造能受到保护的空间，以满足对环境的领域性需求；营造人与环境各要素的紧密联系，以满足对环境的通达性需求。对滨海海陆界面景观来说，因其所处的特殊位置，人们对它的需求主要侧重于大环境的观赏及小环境的游憩功能，即人在场所的使用功能上得到需求的满足，并在其精神层面上获得审美、心理上的共鸣。因此，满足人的需要是城市滨海即海陆界面景观规划的原动力。

运用环境行为学理论进行研究得出以下三个要点。

（1）人的基本需要

环境设计的最终目的是创造舒适、优雅的环境供人们在现有条件下更好地进行个人活动以及社会活动。因此，当前环境设计的前提是要了解现代人对生活的基本要求并尽可能设计出适合并且满足人们基础生活需求的生存环境。著名的心理学家马斯洛曾经指出一个人想要进步就是要不断地迎接挑战将潜力发挥到最大化，以此来实现自我价值，满足自我需求。他将人的基本需求分为七个方面，分别是：生理方面、人身安全方面、爱与归属感方面、彼此尊重方面、自我价值的实现方面、研究与进步方面，以及人们对美的追求方面。

（2）人类行为与生存环境的关系

英国前首相丘吉尔对环境设计有着独特的理解并说过“我们塑造了环境，环境又塑造了我们”。他从人为环境角度出发，认为环境与人是密不可分、彼此影响的。人类行为活动作为一种传播介质影响着人与自然环境的关系。人类行为活动，顾名思义就是人类在日常生活中为满足某种需求而进行的一系列活动，可以总结为言谈举止、衣食住行，也可以理解为，为达到某种目的而为之努力的过程。

在生态学方面，环境是一个完整的体系，其中包含着机体、行为与环境。人类行为活动与环境是存在着相辅相成、缺一不可的关系的，人类作为环境中的一种客体，深刻影响并且改造着现有的环境，人类行为活动是客体也是载体，它与生存环境始终是彼此影响、彼此作用的关系。

（3）环境认知和人类感知

环境认知，顾名思义就是人们对环境的一种理解方式，从而在现有环境的条件下得出某种全新的见解与感悟。人们往往从环境中得到见解与感悟并且以此来点评人类的行为活动。大脑在感觉器官得到反馈后，作为中枢系统对其进行总结，并利用得到的见解与感悟来点评当前的生存环境。所以，三者是密不可分的。

眼睛、耳朵、鼻子、舌头、皮肤是感觉器官，而其中，最发达的是视觉器官，其作为第一感觉器官往往可以第一时间对看到的环境得出结论，而视觉空间中，其它感觉器官是视觉器官的辅助器官，它们对物体的形状、大小等信息的感知仅次于视觉提供给人们的信息，通常情况下，声音作为一种媒介传输到人们的耳朵中，使人类利用声音对物体方位有所感知，并通过眼睛进一步确认物体的位置。难闻的气味会给人的心情带来不好的影响，它在影响人体的同时也影响着人们的心情，它可以提高情趣也可以降低情趣，在遇到舒适的气味时会激发人体本身的某种欲望。在建筑风格中，日本的庭院设计强调的是人的视觉、触觉以及对环境的感受，入口设计得相对低矮，在进入日本庭院时需要人们低头弯腰前行，入口处一般设计洗手钵，寓意人们进入庭院的同时洗去身上的尘埃以及在心灵上得到升华，这些行为都是设计师通过触觉这一感官加强了人与环境的彼此作用关系。人在外界条件刺激下追求着复杂的变换方式，过于简单或过于复杂的环境都会给人们的生活、工作带来不好的影响。简单来说，平稳、趋缓的刺激程度是最适合人们生存的。

二、海陆界面环境空间塑造与行为心理需求

扬·盖尔把公共空间中的户外活动分为必要性活动、自发性活动和社会性活动三种经典类型。户外空间的质量和户外活动密不可分，从某种意义上来说，通过周边环境设计，可影响该环境下人和活动的数量、活动持续时间及活动的类型。

人的心理感受分为四种：①领域性、私密性、公共性，②安全性、舒适性，③参与性，④边界效应。合理地设计一些舒适的公共空间，可使人们更愿意长时间地停留。

滨海海陆界面环境具备与其它地形环境不同的多种特点。人在滨海环境中的心理需求有：接近自然，调节生活情绪，达到精神上的放松，并参与各种活动。此外人们的亲水性也唤起人们的童心与参与的欲望，使人们在滨海活动空间中情绪得到放松、心灵得到净化。

在海陆界面景观规划中，考虑到海陆界面景观规划的主要目的是保护城市风貌，在不破坏城市风貌的基础上进行人为的改造与设计，规划中要将人的行为心理和环境有机结合起来，营造和谐统一且具有鲜明的城市风貌特征的效果，最终目的是使人们感受到不同城市的独特风貌与城市魅力。当人们在海陆界面地区参观游玩时，一方面海陆界面的景观环境会对人的行为心理产生最直观的视觉影响，这一点很大程度上决定了人们对城市的印象，也称第一印象。人们会主动接收所在环境的整体印象并进行视觉再塑造，而不仅仅是受外部环境空间对自己的影响。通过科学正确的研究和分析发现，人的心理与环境有着紧密的关联，二者

相互影响相互作用，无论在什么情况下都能激发两者之间巨大的反应。人作为通过体验海陆界面感受城市风貌的主体，人的行为心理在海陆界面景观规划中有着不可小觑的作用。所以在海陆界面景观规划中要充分考虑人的行为与心理变化，按照海陆界面景观环境的实际情况与城市风貌相结合进行景观系统的合理设计。只有当这些系统被合理设计时，才能保证人的心理需求在景观空间中得到有效的满足。

第四节　海陆界面景观规划与视觉艺术理论

一、景观规划中的视觉艺术

事物都在不断变化并遵循一定规律，在规划的同时也要遵循视觉艺术美学法则。视觉艺术在景观规划中起着主导作用，规划设计者须在视觉艺术美学法则基础上进行构思、提炼，加以整合，遵循该原则才能做好景观规划。视觉景观的研究范围主要包含两个方面：从观赏者角度来看，主要研究其视点、视角、视距、观赏路线、观赏者的视觉空间感受以及空间形态特征和视觉美学等内容；从物质景观角度来看，主要研究景观规划过程中通过运用视觉规律，总结视觉美感方式和途径，达到创造优美视觉景观的效果。空间艺术效果与观赏视距关联紧密，观赏点距离观赏对象位置的改变会导致视觉敏感度也有差异。

1. 远景带——远视重轮廓

远距离观赏时，人的视觉刺激主要通过图形特征来实现，所以在规划时要强调景区中的建筑轮廓特征。因为空间距离远会弱化建筑色彩、体量和建筑物的内在联系，所以远距离观赏时，控制形状轮廓线才能形成较好的视觉景观。

2. 近景带——近视接触细部

人们在近距离观赏时，对图形细节的识别和把握有所增强，此时视觉构成要素起到了显著影响，尤其建筑颜色、质地成为视觉处理过程中的重要因素。

3. 中景带——中视分清眉目

中距离观赏时，人们一般先看清景物的主次结构及全貌特征，再识别其主要细部和色彩，这就要求各建筑视觉构成要素之间须合理组织，有层次、秩序，有韵律的变化，整体与局部关系的和谐须在规划中着重考虑。

4. 鲜见带——不可视区域

鲜见带指某一观赏点被遮挡，视线很难达到的区域，也称视隐区。

以上四个距离带景观，人们对它的视觉敏感度依次降低。人们对不同距离带中景物的注意程度与注意内容是明显不同的，体现在从局部到整体，从细节到全貌的递进变化。在滨海海陆界面景区中，要格外注重这四个方面的景观规划。

此外，为保障人与自然或人工各景观要素之间的视觉延伸关系，须做到视点之间的视线通畅；为建立完整的景观系统，须保持重要景观节点间的视线通联。以上两点可通过建立视觉走廊的方法解决，即依靠建筑物的布局、高度体量比控制和植物配置等方法来实现。海陆界面的范围是沿海岸附近与山体四周围合的区域，在视觉规划中要做到控制视觉敏感节点的空间大小，保证在主要观赏点上可看到完整的天际轮廓线，并营造出韵律节奏。同时，山体立面作为视域空间的围合界面，也影响着视觉质量：因其属于视域中景观的主要观赏面，特别是沿主要游览路线观赏面的山脊线起伏、山体前后层次及山体高度等须在整体设计时予以重点关注。

研究发现，滨海海陆界面景观中的视觉景观具有多种可变性，有可能是一个处在四季不断变化的整体景观；也可能是游人在游览观赏行进过程中印象深刻的一个局部场景；还可能是具有特别意义的某个景观特殊空间，在人的可达的视觉范围内突破了该区域的限制，给人以轻松愉悦的心理感受。在滨海路海陆界面景观规划中视景一定是独特的，且具有一定的吸引力，会给人们带来新鲜感，在景观中人的视线一直处在不断变化中，或远或近，不由自主地穿梭于滨海海陆界面之内。

在滨海海陆界面景观规划中可看到很多经过视景艺术化设计的景观，景观设计师利用其敏锐的洞察力及观察力让景观空间以艺术化的形式呈现，并针对具体场地进行细致的尺寸把控，通过形式的变化来设计空间，给游客以不同的视觉感受和身体体验。视景的设计应具有可辨识性、安全性、可达性、舒适性等特点，在滨海景观规划中，可辨识性与可达性互相作用，如北京奥林匹克体育公园中的标识设计，设计师根据不同的场地需求设置了不同类别的导向系统。在公园的出入口和主、次要节点处都设置了园区和各个景点的导向说明牌，让来此游览的人们对园区有初步的认识和了解；在亲水平台区域或游人密集活动区设立了安全警示牌，从安全的角度出发提示人们应当注意安全；并且在主干道及次入口设置了道路地标指示符号，为人们游览园区提供了保障；在草坪或容易被踩踏区域设置了创意提示牌，提醒人们爱护环境的同时还普及了相关植物的科普知识，让人们在游玩过程中学习，把导向标识系统融入公园内的总体设计中，根据所要表达的信息进行艺术化设计，在保障其功能性的同时加入地域文化特色，并以不间断且成体系的设计在海陆界面景观空间中，使导向标识系统既有利于人们了解园区，又呈现了区域特色。

景观规划中的照明设计也是视景的组成部分，滨海海陆界面景观的照明为人们夜间的活动提供安全保障。好的照明设计和灯光色彩设计往往给人增加神秘和特殊的视觉感受，如丛林中若隐若现的雾状灯光、从喷泉底座慢慢喷出又慢慢消失的灯光等，都给人无尽的联想与温暖，对整个滨海海陆界面景观起到美化和衬托的作用，给人们以美的感受，使滨海海陆界面景观融于城市之中，同城市的有序建设和谐发展。

二、海陆界面中的视觉要求

1. 城市滨水空间景观视廊营造的主要原则

（1）可达性

可概括为使用人群参与不同活动时的便捷程度。景观视廊的可达性主要考虑人群途经滨水片区空间的路线与视线的通顺程度。其可总结为三个维度：其一，人群可达性，泛指不同人群进入滨水空间区域的便捷程度，受地块开发的开放性与私人性制约。其二，现实可达性，可概括为可否通行，受通行的方式、距离、宽度、顺畅度所影响。其三，视觉可达性，指人眼视距范围内的可见程度，决定于空间的开敞程度和视野范围。

滨水空间的活力与可达性关系紧密，人们通过景观视廊从远处观赏滨水景观，此外，景观视廊引导人们从城市其它区域进入滨水空间，大量人群集聚的同时又影响整个滨水片区的开发进程。

（2）通透性

城市滨水空间一般包含城市陆域与自然水域空间的相交之地，视线通透，城市视觉景观价值较高。

一般来说，城市中出现的雾霾、热岛效应、空气污染等问题能通过城市通风系统缓解并改善。合理调控滨水片区公共开敞空间程度，将滨水公共空间景观视廊与城市风廊营造结合，引导城市风进入腹地，使城市更加宜居。滨水景观景色宜人，景观视廊的开敞通透使人们的视线更容易到达该区域。因此，合理调节滨水片区空间开敞度，营造景观视廊的通畅，更能保证城市空间的开敞与舒适。

（3）整体性

指构成景观视廊的内部空间要素相融合的契合程度，并包含物质与精神形态方面。在城市滨水片区空间景观视廊营造的过程中，其整体性主要从滨水片区景观视廊与城市其它区域开敞空间的联系，以及滨水片区各开敞空间相融合方面入手。第一，单独分析规划滨水片区作为独立单元的功能，同时强化与城市其它区域的联系，独立而不孤立。通过调整线、面、网的景观开敞空间结构的角度，突出景观视廊的廊道空间，重点联系城市其它片区的开敞空间，以达到城市开敞空间的完整连续。第二，针对与滨水开敞空间环境的整体性，滨水片区的景观视廊将人流引导到滨水片区开敞空间周围，应重点从整个城市滨水片区空间角度开展景观营造，注重景观视廊和开敞空间之间的结合。值得特别注意的是，滨水片区的建设开发有其自身特点：涉及的项目面广、规模庞大，在实际过程中往往需要分期建设，要求时间跨度较大，不同地块、不同时段的建筑及其周边环境之间的协调变得十分重要。例如：巴尔的摩内港开发的案例，因其忽视对整体设计的完善，且在新区的建设过程中失去了对原有城市肌理的保持和延续，造成各地块与建筑之间没有形成有机联系，没有形成纽带，导致片区内景观视廊不成体系，割裂严重。

整体性设计并不排除对比。景观视廊的建设过程中，经常可见历史气息与现代主义风格之间的对比，这样的典型也较多，如新加坡的游船码头更新改造景观规划设计项目，该案例将有的码头建筑形象与周围的摩天大楼形成强烈对比，现代与淳朴相结合，使滨水片区空间体现人性化，更凸显了新加坡的现代化城市形象。

(4) 生态性

生态指一切生物的生存状态，以及它们之间和它与环境之间环环相扣的关系水域及其两侧岸线，是生物生存、迁徙的重要生态廊道。城市滨水片区景观塑造更需要结合滨水属性的自然特点，注重对生物生态的合理保护与塑造，并关注其生态需求。此外，还要通过关注自然生态格局，丰富城市滨水片区空间景观，除了对该区域内自然要素的合理保护，保证其土地本身适应性外，更要注重保证“斑块—廊道—基质”的景观生态。做到有机连接城市各景观斑块，确保动植物能够通过生态廊道进行生存交流与繁衍，最终通向水域这一大面积生态基质，构建完整的生态网络体系，成为承载各类功能活动的载体。因此，在景观视廊的营造中，结合体现原生态的理念，选用本土树种，合理选择植物材料，重点体现地域特色，形成生态要素丰富、景观空间优美的廊道空间。

2. 城市滨水空间景观视廊营造的控制策略

(1) 视觉可达——严控城市建筑高度

滨水区域的景观特点在于景观元素突出，由山、水等元素形成基本骨架，并构成了重要的景观资源。为此，需要对建筑高度控制做出具体要求。通过控制建筑的高度，一方面可以使从城市腹地眺望景点的视域空间显得开阔，与山水元素相融，形成景点与视点的视线互通；另一方面可以形成优美的滨水天际线，从而将山体景观保护与建立城市特色景观结合起来。因此，合理控制建筑高度，可以满足人的视觉审美要求。建设过程中，将自然景观元素与人文景观元素统一起来，强化城市特色风貌，做到兼顾提高土地利用开发价值的目的。

(2) 塑造城市滨水天际线，控制建筑高度

滨水开敞空间中营造重要景点时，需要重点考虑城市滨水片区的天际轮廓线，尤其要控制范围内的建筑物高度。通过合理利用山体轮廓线、建筑的天际线

可形成自然与人工结合的视线景观，并吸引人们观赏并聚集于滨水片区空间中，以利于提高整体滨水空间的活力。从视线角度，控制景观视廊中重要景点构建。环境心理学的相关研究认为，天际线的轮廓曲度与层次感是人们感知天际线美感的主要因素，而曲度与层次感则主要是通过控制建筑物高度变化而确定的。

强调山体轮廓线的合理利用：第一，加强保护山体形态与植被覆盖率，杜绝山体的大规模机械破坏，有序增加山体植被，合理配置亭、廊等休闲设施，丰富山体范围内的重要建筑物的景观节点，形成多层次景观焦点。第二，保护山形的原生状态，通过控制山体周围，适当增加建筑具体比例的量化指标，进而维持和保护原地形自然轮廓景观，使人工建筑物与山体轮廓更加协调，例如《香港规划标准与准则》中建议把人工建筑高度数值控制在低于山体轮廓线的20%。第三，在山脊线适当处，通过合理布置地标建筑物，使主景更加明显；在营造景观的同时，要注意山体轮廓线的最高点的视线不要被类似地标建筑物遮挡，保证人们欣赏视线的通透，创造优美的天际线景观。城市建筑轮廓线与山体轮廓线的叠合关系有保护型、冲突型、融合型三类（图2-22）。滨水区域的天际线景观，应注重自然地形轮廓线的完整，与人工景观协调，在创造景观的同时，做到自然与人工的有机融合。

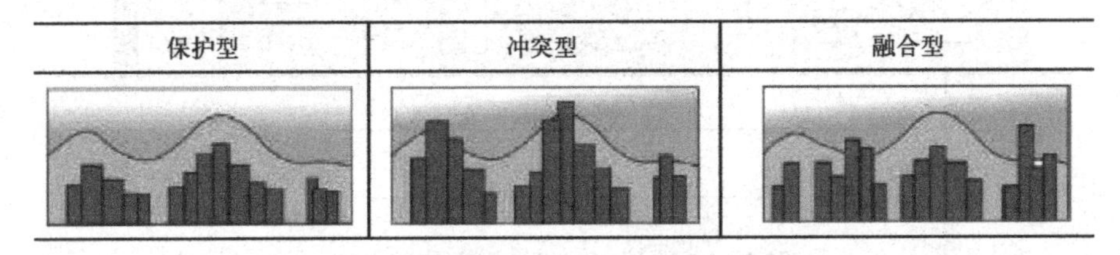

图2-22　建筑轮廓线与山体轮廓线的叠合关系

构建天际线景观时，不能忽视整体曲度与层次感，合理设置天际线的曲线流动幅度，会给人带来愉悦的观赏心情；相反，杂乱无章或平直寡淡的天际线则与城市形象和居民精神生活需求背道而驰。实际中，建筑物距观测者位置的差异，影响着天际线的层次感。城市形态表现不同，产生层次性差异，由于建筑群体轮廓与建筑群之间的高差不同，单体的与群体的不同，形成了视觉错动，使建筑群体立面的观赏性更为突出。如有通过定量分析天际线的曲度与层次感来控制建筑高度的相关研究，通过利用ArcGIS的3D分析技术生成了虚拟视野范围天际线。而景观规划重点关注天际线轮廓的整体变化，所以一般考虑线性细小的曲折变化，多利用指数多项式（PAEK）平滑工具，简化天际线。选取简化后的天际线曲线范围内的最高点和最低点，把握相互位置关系，形成天际线曲折度的控制点。一般来讲，高体量的建筑往往会形成制高点，比如标志性建筑物等；而局部调整低点是避免城市天际线过于呆板平直，通过高矮的组合，合理搭配，有效控制建筑高度，以达到天际线的最佳组合。如图 2-23 所示，通过比较相邻两个制高点与低点的高度差得出天际线曲度，形成制高点标志性建筑物布置的视觉引导性。H 与 h 之间的差值越大，则表明高差越大，对视觉的冲击越大，该地标建筑也越明显；反之，高差越小，对视觉的冲击越小，该建筑物越不突出。高度之差（$H-h$）与长度之差（L_1-L_2）的比值更能直接反映标志性建筑物的显著程度。综合来看，空间的层次感受建筑可视面范围的影响。对不同层次建筑可视面的比例进行分析，以各层面建筑群的建筑可视面各自在观测者视野中占据比例来定量描述层次感。视野中适当数量的不同层次的建筑可视面，其天际线的空间层次感也较丰富。图 2-23 中描绘了三个层次建筑可视面，以 s_1、s_2、s_3 表示，天际轮廓线的层次感则为 $s_1:s_2:s_3$；视觉层次指数＝错动及组合建筑立面可视面积和/整体建筑群立面可视面积总和×100％。

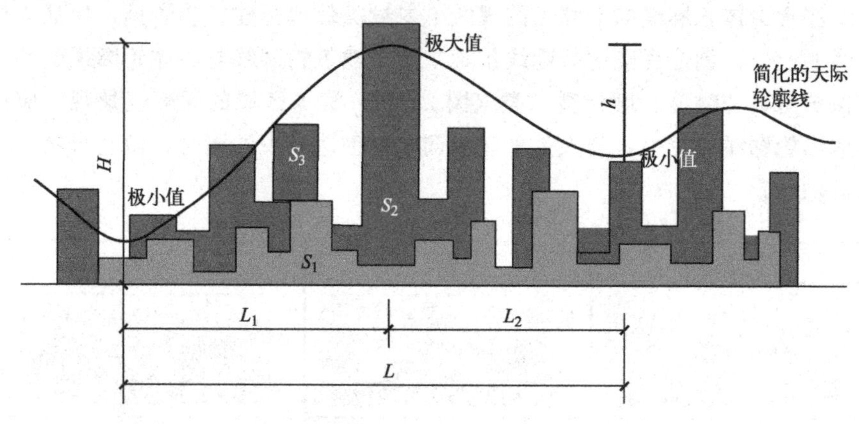

图 2-23 曲折度与视觉层次控制指标

综上所述，从人的视知觉角度出发，在规划设计时，重点把控建筑高度，注重景观的视线流畅性和滨水天际线相统一，创造优美宜人的视觉景观，以求得廊道空间与景观空间的视野流畅开敞。通过将城市眺望景观视廊空间保护的建筑高度控制网与城市滨水天际线塑造的建筑高度控制网线叠加，得到不同地块的高度控制分区数据，进而指导建筑高度的范围值，同时结合滨水地块的相关规划指标要求，建立城市整体建筑高度控制体系，对构建城市滨水空间景观视廊体系，丰富景观视觉效果具有重要意义。

3. 视廊通透——优化滨水空间开敞度

滨水空间的开敞度是影响城市内部环境与水域环境空间交流的重要因素，开敞度的不同主要影响景观视廊空间的通透程度，进而影响城市居民的亲水活动和心理感受，以及城市通风系统的整体改善。

（1）滨水空间开敞度的影响因素

滨水景观视廊宽度作为滨水片区空间开敞度的主要指标，其宽度变化直接影响滨水空间的开放程度，具体包含滨水建筑附近的亲水步道贴线宽度、滨水建筑的横向尺度、滨水开敞范围等。滨水建筑附近的亲水步道贴线宽度影响人们的游览路径，适当的宽度直接引导人们从城市腹地走进滨水驳岸景观区域，滨水片区通往水边的景观视觉走廊畅通与否至关重要。滨水建筑的体量主要影响游客的游览体验和游览路径，滨水建筑是否遮挡主要景观视线，影响着城市的空气流通，建筑的布局对从城市内部望向水岸或从对岸某点望向城市滨水片区的视线都产生影响。合理规划滨水景观开敞空间范围和视线遮挡程度，可形成景观视廊中视野最开阔的区域，相对于视线仅从建筑中间的通廊空间穿越，游人的参与游赏度将更高。

(2) 滨水空间开敞度分析

滨水空间开敞度的分析主要采用滨水间口率指数来评估与调控界面的开敞度。滨水间口率是由建筑间口率演变而来的。建筑间口率是指建筑面宽与基地面宽的百分比，主要用于分析与评测建筑布局对地块内部通风的影响。城市滨水空间的滨水间口率则指滨水建筑总面宽与滨水岸线总长度的百分比。二者之间的比例影响人们对滨水岸线直观的视线开敞度的评价，以及对地块内部通风环境的评估与分析。

一般来讲，在城市滨水空间范围内，不同高度建筑围合出的空间会影响整体空间开敞度。实际中，以高层建筑与多层建筑的层高 24m（居住建筑为 27m）作为分界线，分别评估多层滨水间口率与高层滨水间口率。多层建筑滨水间口率主要影响景观视觉走廊的开敞程度，高层建筑主要影响景观视廊的开敞程度，两者共同影响城市的内部环境通风。其廊道的长度控制范围以人眼的视距为依据，视距 500m 为清晰观测范围，视距在 500～1000m 需要根据色彩、运动等识别要素对物体轮廓进行辨别，视距超过 1200m 已是人眼观看极限。由此以 500m 作为界线，分为前景、中景、远景，即 500m 以内为前景视觉距离，并以此类推。该滨水间口率宜选择进深 500m 以内的滨水用地，以方便感知分析。通过比较得知，滨水建筑总面宽所占比例与滨水岸线的景观视线空间开敞度、景观效应呈负相关，直接影响城市内部通风环境。因此，减少滨水建筑总面宽的规模，对提高景观视廊空间开敞度，改善地块内微气候环境具有积极的作用。

(3) 滨水开敞空间的优化原则

我们以数据分析为切入点，优化滨水空间的开敞度，打造开敞舒适的城市滨水空间。滨水岸建筑群体一般以滨水间口率作为衡量指标原则。如日本神户滨水区规划案例中，当地相关部门提出了 70%以下的建筑间口率要求。深圳市出台《深圳市城市规划标准与准则》(2014)，强调通过合理规划建筑布局的手段，改善基地内的整体通风情况，提出了“在片区主导风向上风位的街块应避免采用垂直于主导风向的大面宽板式建筑，建筑间口率不宜大于 70%，高层及超高层建筑间口率不宜大于60%”。肖健的《滨水景观通廊空间指数分析方法研究》指出上海陆家嘴滨水区的间口率为71.4%，香港维多利亚港的间口率为59.5%，加拿大多伦多中央滨水区的间口率为43.4%，杭州西湖滨水区的间口率为27.2%。通过对比，可以看到滨水空间景观视廊在具体建设过程中，重点是要达到景观视廊空间开阔、流畅，形成相对开放的滨水景观空间，并最终增强城市滨水开敞空间的吸引力。通过对比，笔者建议多层滨水间口率的数值上限以维多利亚港区作为参考值，指标宜定在60%以下；其最佳指标以多伦多滨水区作为参考，指标宜定在45%左右。高层滨水间口率以深圳市基于城市内部通风环境改善的数值为参考，以60%作为控制上限。单独衡量建筑单体的面宽，主要从多层建筑或裙楼面宽与塔楼面宽进行划分。以多层建筑或裙楼面宽控制为例，我国消防规范对沿街建筑面宽有以下规定：当建筑沿街长度超过150m时，应在适中位置设置穿过建筑的消防车道，因此建议裙楼面宽控制在150m内。在苏州金鸡湖滨水区的设计案例中，该设计对底层建筑面宽控制在80m以下。从对大型商场、公建的布局的角度分析来看，笔者认为将滨水空间周围多层建筑面宽控制在100m以下为宜。在塔楼面宽控制中，借鉴上海、重庆等根据建筑高度（H）来控制规范的最大连续塔楼面宽（D），当$54m \geqslant H > 24m$时，$D \leqslant 80m$；当$H > 54m$时，$D \leqslant 65m$。深圳市于2003年出台《深圳城市规划标准与准则》，在城市设计导则内规定：$54m \geqslant H \geqslant 18m$时，$D \leqslant 100m$为宜，当$H > 54m$时，$D \leqslant 80m$为宜。基于城市滨水片区的控制性更严，结合以上城市的经验，笔者提出以下建议：当$H \leqslant 24m$时，$D \leqslant 100m$为宜；当$54m \geqslant H > 24m$时，$D \leqslant 80m$为宜；当$H > 54m$时，$D \leqslant 65m$为宜。

因此，滨水建筑沿滨水道的贴线宽度、滨水塔楼的面宽、滨水景观开敞空间等均影响着滨水空间开敞度；同时，还要重点考虑建筑立面的材料、形式、色彩等，沿岸开敞景观空间的场地景观元素种类、数量等因子，这些都影响着滨水开敞空间的视觉效果。此外，还受主观因素影响，需要在特定的情境下分析设计，保证滨水空间符合地域特色与市民需求。

4. 步行可达——提高慢行交通的可达性与安全性

景观视廊与城市慢行系统有着重要联系：滨水空间景观视廊是慢行系统的主要组成部分，滨水片区景观视廊的营造依附于滨水片区慢行系统。笔者主要以提高滨水空间慢行交通系统的可达性与安全性为研究出发点，重点梳理城市滨水片区景观视廊的步行可达理论，通过有效构建滨水空间绿色安全的交通体系，指导后续规划，引导游览人群汇聚到滨水区周围，丰富城市滨水空间的整体活力与生机。

（1）考虑慢行交通与车行道联系的安全性

主要从以下几点出发，提高市民出行的安全性。第一，对行人出行量进行预测分析，并结合各道路形式特点优化城市的道路横断面，同时根据道路等级不同，尤其是滨水空间周围，分别设置相应尺度、形式的人行道、自行车道以及绿化隔离带。第二，拓宽各类交通出行途径，发展立体化交通，结合城市建筑、交通枢纽、人行天桥、地下通道等开发立体化交通，保证交通效率与行人安全。第三，优化立体交通设施，基于景观视廊的考虑，城市的立体交通设施要注意其美观性，注重与滨水空间的结合，尽量不影响视觉景观，逐渐融合为城市整体景观，同时又形成亮点，如丹麦哥本哈根与厦门的空中自行车道。

(2) 考虑景观视觉慢行廊道的可达性

在上述滨水空间开敞度的讨论中提到滨水间口率，其中多层间口率是指多层建筑和建筑裙楼的景观视廊，即本小节研究的景观视觉慢行廊道。纽约区划法将城市滨水空间范围内的景观视廊划分为以下三种形式，①由通达滨水岸线的道路形成的通廊，属于强制性范畴；②通往岸线的规划道路与第一种的通廊相距超过400英尺（约120米）时需要控制通廊；③没有规划道路但与第一种通廊相距600英尺（约182米）时需要形成通向岸线的通廊。

我们通过参照纽约滨水区与实践项目特点，结合对滨水片区多层间口率中的区段控制界面宽度（D）与景观视廊宽度（d）的控制，提出以下对策。当$D<120$m，不需要控制留有景观视廊；当$120\leqslant D<180$m时，需要控制留有景观视廊，间隔控制可在60m左右，其形式可以为绿化开敞空间或者架空裙楼空间；当$D\geqslant 180$m时，需要控制留有景观视廊，间隔控制可在90m左右，其形式可以为绿化开敞空间或者架空裙楼空间。至于景观视廊宽度（d），以高标准的要求保证空间的可达，借鉴深圳市的方法，控制为$d\geqslant 25$m（图2-24）。

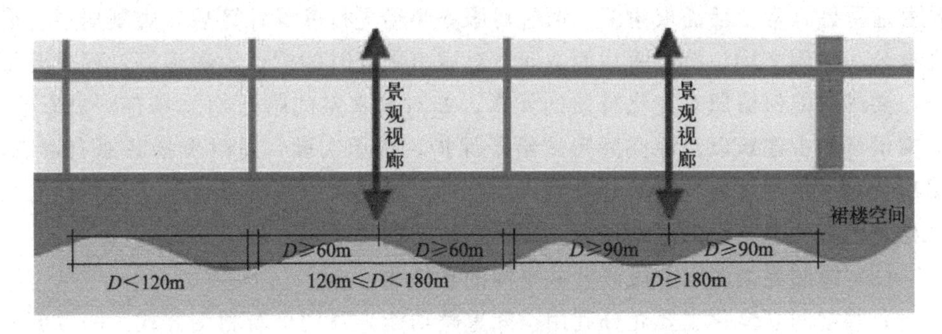

图2-24　在地块中控制视线及景观视廊的三种形式

5. 空间有序——合理组织景观空间序列

人们可通过线性视觉对景观视廊进行感知，廊道范围内的景观空间变化会通过视知觉产生不同的视觉效果。人们在游览穿过各景观功能空间时，由于对各空间环境视觉感知不同，视觉范围内会产生不同的景观空间序列变化。根据人对静态与动态视觉感知的不同，空间的环境变化感知可分为突变感受、渐变感受与不变感受。渐变感受与不变感受具有历史性，渐变可加深对某一环境的理解，突变通常是瞬时发生，变化幅度大，能让人对某一环境产生深刻印象。因此，营造景观空间时可运用突变、渐变与不变合理引导空间动态路径，当渐变与突变发生在相关联的元素之间时可以反映空间联系，将一个或多个空间对比元素贯穿于空间序列，元素在不同空间之间的对比产生其空间联系，从而实现协调景观空间序列的多样与统一。在景观空间序列组织中，根据刘滨谊总结的空间常用对比元素，将景观空间序列的对比元素从空间的大小、视域的收放、视域的远近、向心与向外四个方面入手，将空间边长、视距以及叠合关系三个次级变量模式划分后，排列组合得到14种空间单元模式。

通过对比这14种空间单元模式后，根据视觉界面与空间界面的尺度总结出3种基本空间类型，在城市滨水片区的景观视廊的景观空间序列中，确定各个空间在其中的角色与作用，借鉴运用以上14种空间单元模式与3种典型空间形式，根据空间角色的需求进行调配，营建良好的滨水片区空间视廊的景观视知觉效果。

6. 空间多元——注重海陆界面滨水分段区空间功能复合化

滨水空间复合化是从海陆界面滨水分段区整体开发角度来调整空间结构，将外延式扩张转为内部空间重组优化，以增强滨水空间品质为目的，摒弃“量”增加的理念，转变粗放式为集约式建设。通过采取多途径的方式，提高多层次空间的使用率，促进滨水空间的多维度、多方向发展。

（1）滨水功能空间的复合化

功能复合化主要指滨水空间开发建设在注重居住、商业开发的同时，更强调从普通百姓日常生活需求角度，通过对服务半径进行准确计算后，规划居住、商业办公、休闲文娱、游憩等功能空间。对城市更新时的拆迁、新建等过程更要慎重，要尽可能保留原有文化特质的元素，如对滨水空间附近相关具有历史影响、人文情怀的古建筑以及原空间形式给予保护，传承文脉，适时发扬其原有特点，坚决反对“推倒重建”式的开发模式。此外，还要兼顾注意土地利用多用途与建造建筑综合体等结合的规划理念，提高土地的利用率。

（2）海陆界面滨水分段区公共空间的立体化

公共空间立体化主要充分利用空间重叠功能，开创全新利用方式。一方面是水平方向重叠，打破封闭式空间开发格局，营造面向滨水的开放空间；另一方面是垂直方向重叠，地面空间利用转为地上、地面、地下协同开发，发展空中走廊，联系建筑物，共同开发地下空间，形成立体景观体系，从多空间层面进行建设。当下，城市空间开发更要注重水平与竖向空间结合，合理规划，避免盲目开发，尤其避免千篇一律、趋同性的开发建设，要根据滨水空间自身特点和重点景观视廊进行规划，同时要避免城市自然资源的浪费与生态环境的破坏。

总之，滨水空间功能复合化主要从滨水本身的空间活力入手，通过创新多种设计思维方式，建设复合高效的城市空间，从而引导人群汇集和参与活动，使景观视廊丰富化、多元化。

7. 文脉传承——保护与延续历史地域特色

从《雅典宪章》开始，人们开始关注城市历史建筑与环境的保护。我国城市建设的思路参考过《威尼斯宪章》《内罗毕建议》及《华盛顿宪章》等，注重对历史地域特色的保护与延续，使城市的发展能避免“千城一面”的城市形象，加强城市文脉的延续。纵观城市发展史，人类文化起源多从河流附近开始，而城市滨水区域承载着较多历史文明与文化记忆，历史场所主要是遗留下来的物质实体元素，包括历史街区、历史建筑等，历史的文化记忆主要指流传到现今的精神层面的内容，如湘楚文化、名人文化等。因此，将海陆界面滨水分段区的历史地域特色的空间功能营造从物质实体与精神文化两个层面进行研究分析，规划设计出具有文脉气息的地域化视廊空间。

(1) 物质实体——历史建筑与场所的保护

在海陆界面滨水分段区空间中，城市具有代表性的建筑物与环境是其历史建筑与场所，主要从单体建筑与重要历史街区着手。单体建筑是不可移动的历史文化遗产，是滨水海陆界面区内景观视廊中良好的视点与景点，对其主要从建筑及建筑构筑物的保护、严格控制周边邻近建筑物的高度、分段区内人们的景观视廊引导等方面展开，比如武汉市对黄鹤楼周边建筑与环境的控制。重要的历史街区是城市的线状或面状空间区域，是海陆界面滨水分段区内具有历史特色的观景廊，对历史街区的保护，主要在控制保护街区原有肌理的基础上，对街区建筑进行细微调整及修缮，改善建筑功能与整治街区环境等，使其重新焕发生机活力。

(2) 精神文化——历史文化记忆的延续

历史文化内在的本质是其富有内涵的精神文化，是人们对城市历史的追溯中所能感受到的精神共鸣，是城市地域特色的精神象征。在海陆界面滨水分段区空间中，注重历史建筑在整体建筑布局排布、建筑风格形式、景观公共设施配置等方面的传承延续，让城市居民及游客能很好地了解并认知所在城市的本源文化，丰富海陆界面滨水分段区景观视廊的地域特色，营造可以传承文脉的景观视廊。

8. 城市海陆界面滨水分段区空间景观视廊营造的保障策略

当下城市海陆界面滨水分段区中仍然强调以经济利益为导向的地块开发，追求土地价值的最大化，城市海陆界面滨水分段区空间景观视廊营造策略探索，在一定程度上会与开发商利益的最大化发生冲突，如对所要建造的建筑高度、建筑密度、建筑后退等影响地块开发的土地利益的因素的控制。

9. 规划引领——制定海陆界面滨水分段区城市设计大纲

城市海陆界面滨水分段区空间景观视廊的营造涉及许多强制性控制规范，如建筑高度、容积率、绿化率、建筑贴线率、塔楼通透率、通廊宽度等，这些方面达标才能保证视廊空间符合城市设计的要求。但现行的控制规范只对主要地块的容积率、建筑密度、建筑高度等指标的上限进行控制，其余与景观视廊塑造的指标在城市规划设计中有要求，均为引导或者提示性建议，不具有强制性与法律效力。因此，这种情况对城市空间的景观规划具有不确定性，城市景观规划的空间效果很容易被打破。如果对同一地块，进行相同强制性指标约束，也会营造出不同的空间功能形态，塑造的景观视廊也会不尽如人意。为了避免这种情况的发生，本书参考美国城市规划设计中制定的指令性与指导性设计大纲，结合针对海陆界面滨水分段区空间景观视廊营造所提出的要求，从海陆界面滨水分段区空间营造规划控制入手，提出制定具有指令性与引导性的海陆界面滨水分段区城市设计大纲，并将城市景观视廊的控制作为强制性指标，与景观视廊营造相关可控要素同样具有法律效力，以保证城市整体空间形态的合理性。根据前文对于涉及海陆界面滨水分段区景观视廊空间营造相关要素展开分析，将景观视廊、建筑贴线率、滨水塔楼最大面宽、塔楼通透率等要素规划为海陆界面滨水分段区城市设计大纲中的强制性控制指标，而建筑形式、建筑体量等作为引导性控制指标。因此，在城市海陆界面滨水分段区规划设计中，将海陆界面滨水分段区城市设计大纲中的地块空间形态设计的强制性指标与引导性指标结合进行控制引导，营造城市海陆界面滨水分段区景观视廊。

10. 海陆界面滨水分段区建设管理——专业审查与管理监督

城市海陆界面滨水分段区作为城市的主要海上门户区域，是地位仅次于城市中心区的地域，或者在某些一线沿海城市它本身就是该城市的中心区，如上海的陆家嘴区。因此海陆界面滨水分段区空间景观视廊的营造与城市其它区域相比，营造体系与利益关系更为复杂，并不是一般项目的规划设计所能管控的，因其所处地区的特殊性与重要性，即一般区域不存在如海陆界面滨水分段区这般优越的自然景观资源。从保障海陆界面滨水分段区空间规划，按照城市设计大纲的控制引导入手，保证海陆界面滨水分段区空间景观视廊营造策略的实施。第一，从海陆界面滨水分段区空间规划设计出发，聘请在城市规划、城市景观规划、建筑设计等方面有专业经验的专家、学者，且对海陆界面滨水分段区的规划开发设计提出建议和策略，加强海陆界面滨水分段区开敞空间设计控制的落实，尤其是景观视廊的塑造，对于公共开敞空间营造有着深刻的意义。开发过程中可以通过建立与大众沟通的渠道，制定一套明确的评估标准对具体的开发项目进行综合评价。第二，从海陆界面滨水分段区空间建设过程出发，组织专业的监督管理团队进行全程跟踪管理。海陆界面滨水分段区的规划建设开发在宏观层面进行规划编制后，在后续地块项目建设开发与建筑和景观设计等的一系列城市分段区建设中，都需要规划监督与管理的参与。既能够按规范要求落实建设，又能够对建设过程中出现的问题进行及时反馈，避免造成不可挽回的环境破坏。

根据前文讲述的案例分析与基础研究，从城市海陆界面滨水分段区空间景观视廊的营造为主要原则入手，详细提出了整体性、可达性、通透性与生态性的基本原则。针对这四个原则，扩展详细步骤总结了城市海陆界面滨水分段区空间景观视廊营造的总体控制策略，即考虑其空间整体、空间有序、空间多元、视觉可达、视廊通透、文脉传承，及步行可达这七个方面的控制设计策略。为了保证以上控制策略中的控制性内容的实际操作，从政府、专家学者、开发商、大众四个主体出发，针对这四个主体，分别提出了建议性的海陆界面营造保障策略，通过控制引导与实施保障两个方面共同配合，以期城市海陆界面滨水分段区空间的景观视廊能发挥其最大的作用，提高城市海陆界面滨水分段区开敞功能空间的活力与城市居民的生活水平。同时，为下文的大连滨海路实践案例分析提供对比参考，探索在实践中，景观视廊营造所需考虑的要素、合理的设计策略以及其不足之处。

从城市设计角度来看，通过视觉分析控制建筑高度，以达到海陆界面整体规划的和谐。从景观角度来看，海陆界面景观的视觉要求为：从海上远眺至陆域的山脊线景观，并对从观景点眺望山脊线的现状进行分析；通过观景点视线分析，确立观景廊覆盖区，合理规划以达到保护陆域山脊线景观资源的目的。具体而言，是基于景观保护和改造的要求，以确定规划范围内的景观满足视觉要求。通过步移景异的设计，营造出景观保护动线上的各种趣味体验。

第五节　海陆界面景观规划与景观生态学理论

一、结构功能理论与景观规划

景观生态学认为：各独立生态系统（或景观单元）在景观尺度上均可视为斑块、狭窄的廊道或背景基质。景观元素间因能量、物种及营养成分流动，进而形成景观功能，且涉及廊道、基质和斑块等功能特征。景观生态学同时研究视觉景观和生态景观两方面，强调功能结构相结合，力求景观多重价值（生态、经济、社会与美学）的实现。

景观生态学理论的研究重点是景观结构与其生态过程的关系。其中生态过程包括自然、人文两方面。而生态过程对景观结构也有制约，即在特定景观结构条件下，实现特定的景观功能需求。

对城市土地利用结构特征进行研究分析，景观生态学在很多领域应用广泛，相关领域大多以景观的空间异质性和空间格局为研究对象，很多学者在城市景观规划、草场和森林的维护管理以及环境保护方面应用景观生态学都取得了显著的效果。

城市的土地利用是由景观规划土地大小、形状、自然及人文斑块共同组成，经过人类漫长的改造和运用，不同规模的城市构成一定的空间形态，形成了各具特色的城市景观。不少学者运用景观生态学的原理和方法，从不同的视角阐述了城市土地利用特点，有学者利用斑块面积、数量、周长以及多样性、优势度、均匀度指数研究了汕头市土地利用空间特征，学者认为只有处理好人与土地的和谐与共生，城市的经济才能可持续发展。李茂刚、陈松林认为运用分形理论对福州市 1988 年至 2004 年土地利用空间格局变化进行数据分析，他们认为福州市土地利用类型分布具有分形结构，土地利用的稳定性有所提高等。纵观学者们的研究成果发现，虽然用的相关指数大不相同，分析视角也不同，但是都很好地阐述了各区域土地利用的特点。为了能更好地展示城市土地利用的特点和空间结构特征，在研究过程中，测评了周长、斑块数量、斑块面积、最大斑块指数、平均斑块面积、斑块面积标准差、多样性指数、优势度和聚集度指数等景观指数，揭示了土地综合利用的结构特征，为可持续土地利用、合理规划和管理提供重要依据。通过仔细分析城市用地结构特征对土地集约利用的影响，为提高城市土地集约利用提供了新的内容和方法。城市土地利用数量结构特征分析，是指某个区域包含土地利用的各种类型，它们各占多少面积比例。由此可看出，土地利用数量结构本质上是指土地利用类型在质和量上的对照关系。景观是指具有高度空间异质性的区域地块，由许多形状大小不一、相互作用的斑块按照一定的规律组合而成，在一个特定的区域内，各种土地类型的斑块交错分布，有机地结合在一起，就形成了一个土地镶嵌体，区域土地利用结构反映各种土地利用类型在地域空间上的镶嵌格局，这个格局与区域环境背景的各种因子密切相关，城市作为人类活动的中心，城市土地利用结构是城市土地系统的核心内容，是人类在空间上分配土地资源的结果。通过对城市各种土地利用类型的数量结构进行分析，揭示城市土地利用的优缺点，作为分析城市土地利用结构研究的基础。

二、边缘效应理论与景观规划

边缘效应是指在两个及以上不同性质的生态系统（或其它系统）交汇处，因某些生态因子（物质、能量、信息、时机或地域）或系统属性的差异和协同作用而引起系统某些组分及行为（如种群密度、生产力和多样性等）差异与系统内部的变化。在生态系统中，凡是由两种以上的结构、物质、功能、能量等体系形成的界面，及围绕该界面向外延伸的过渡带称为生态交错带，即边缘空间。由于其空间是个交错带，所以里面的生物物种相对复杂，生物多样性也繁多。

边缘效应的概念最早由野生动物学家 Leopold 提出。后来，生态学家 Becher 发现在不同的生物所在的地理群落交界处一般内部结构复杂，生物物种多样性较强、某些物种的活力和繁殖力较高，生态学家把这种现象称为边缘效应。他认为，自然属性或社会属性有所区别的异质地域相交界的公共边缘区，由于互补或协同作用，会产生超越异质地域单独叠加的功能效益，并且将增加边缘区域、邻近区域甚至整个区域的综合效益，此现象被称为城市地域中的边缘效应。

从生态角度来看，海陆界面区域为海洋和陆地的交界地带，它是生态系统复杂和敏感的区域。从审美角度来看，它是不同质的两种构景元素的边缘带，是易于产生优美景观的区域。海陆界面区域的特殊性决定了绿地景观植物种类的选择和配置需要考虑的因素较之内陆区域更加复杂，故在进行海陆界面景观规划特别是植物景观规划过程中，要结合植物品种的多样性进行深入研究。

1. 边缘空间

边缘空间来源于自然生态领域的边缘效应，是指两个相邻的空间或者实体在相互接触时，由于彼此之间的差异而产生的使它们互相作用、互相影响的空间。本书提到的绿心的边缘空间主要是指绿心外缘与城市接壤的地块。绿心与城市的关系最为密切，联系也最强。生态最为敏感，物质能量交换最频繁的部分就是绿心的边缘空间。边缘空间的存在具有普遍适应性，关于边缘效应或者边界效应的理论或者实践研究曾出现在许多相关领域里。从生态学方面来看，肖笃宁曾在《景观生态学》一书中指出，边缘效应具体是指斑块边缘部分由于受外在物质影响而显示出与斑块中心部分有差异的生态学特征的现象。边缘区域由于物质交换频繁，生态环境具有相对不稳定性，使其相对于内部区域有更多、更高的丰富物种和初级生产力。另外，从景观生态学的视角来看，拥有蜿蜒曲折的边缘或者长宽比很大的斑块有利于促进能量、物质和生物方面的交换，内外环境空间的相互作用更加明显。从心理学方面来解释，心理学家德克曾利用边界效应指出一种普遍的社会生活现象：人们通常在选择活动空间时，首先选择在区域边缘停留，而最后慢慢选择开敞的中间地带。从心理学角度出发，边缘区域便于人们自由观察周围的情况，给人足够的安全感。所以边缘地带可能是人们最喜欢驻足的活动区域。在城市规划学方面，大师凯文·林奇就曾在《城市意象》一书中提到过，在相同或不同的区域中，边界可能是更为重要的空间；边界的存在既可以将相邻的空间区域进行分隔，又可以将边界相邻的两个空间联系在一起，实现既分隔又存在联系。在景观规划中，边界就是两个功能和特性不同的景观空间或场所的线性分隔。作为沟通两侧的媒介，边界具有三个属性，既异质性、复杂性和层次性，其内部的物质信息密度、生物多样性、活动强度都远远高于两侧空间内部。

2. 边缘空间的规划设计与方法

《边缘区与边缘效应：一个广阔的城乡生态规划视域》论文中分析了城市边缘效应的发掘与创造方式。疏通边缘空间的相互作用的通道，保证地域间物质流、能量流、信息流的不断交换；改善边缘空间的内部生态质量，提升区间内因子作用的频率和质量，提升边缘效应的效果与强度；提升相邻地域间活动的相互作用和包容性，实现功能利益互补；创造边缘区、增加边缘长度等，以上所述内容都是提升边缘效应的实际方法。从目前的相关研究来看，边缘效应的理论研究数据颇多，内容丰富，其中包括了概念、影响因子、作用等，为本书绿心边缘空间的研究提供了大量支撑性资料。在实践层面，一方面是以河流、街道、公园绿地边界为对象的微观设计方法和手法；另一方面是以城市边缘区为研究对象的宏观规划设计理念，而对于城市绿心这种中观尺度绿地的边缘空间景观规划设计研究相对较少。

三、生态系统理论与景观规划

景观生态学中提到的“斑块—廊道—基质”是最基本的景观模式（图 2-25），景观是根据该模式排列与组合构成，进而影响景观格局和整体过程。斑块是外貌或性质与周围环境不同，却有一定的内部均质性的空间部分。廊道是一种线性或带状结构景观，其与相邻两边斑块均不相同。基质在景观中分布最广且其连续性最大，它包含着廊道和斑块。基质是三者中比重最大的部分，是景观生态系统的框架和基础，基质的活动影响斑块与廊道的产生，同时三者不断互相转化。这里将结合生态学理论，对海陆界面区的可持续景观进行生态分析。

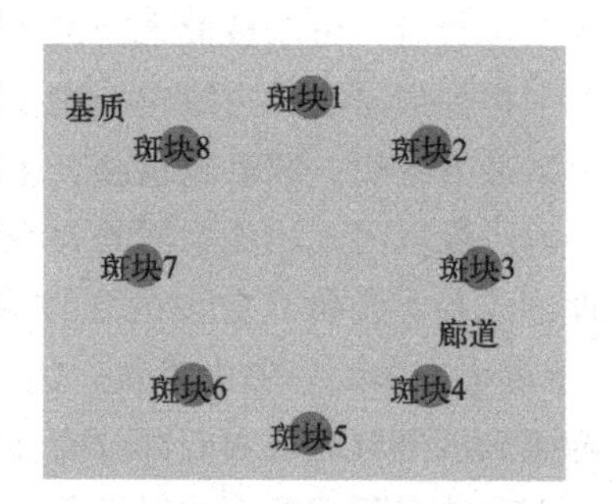

图 2-25　景观模式示意图

（1）斑块

斑块指有一定面积且可维持动植物群体及涵养水源的自然区域。斑块具有相对均质性，可由动植物群落、土壤、岩石、道路、建筑物和构筑物等构成。在海陆界面区中存在自然斑块（如原始山林、原始河道等）、次生自然斑块（如公园、海陆界面人工公共绿地等）和功能斑块（如商业、娱乐设施等建筑物或构筑物）。海陆界面自然斑块因植被覆盖率高，外观、结构和功能等与内陆区域有显著差异。次生自然斑块源于自然斑块，因人为原因逐渐消失，并最终形成人为干扰景观，其特点是稳定性、持久性弱。功能斑块意义最大，是人们生存空间的主体，可满足人们的需要。功能斑块虽有人工景观特征，但只有将其置于景观生态系统中，才能体现出景观生态系统的可持续。近年来，设计逐渐关注可持续生态材料的应用，并根据生物学特性和生态位原理等进行建筑设计，如绿色建筑等，就是将生态学原理、可持续观点等生态思路落实到功能斑块体系中。

（2）廊道

廊道也叫通道，它是指联系各个分散斑块的线性结构体（如道路、河流），绝大多数景观都被廊道分割并联系，它起着纽带的作用，廊道在景观和生态中具有很大的作用。海陆界面休闲空间廊道包括两种廊道类型：一种是自然廊道，另一种是人工廊道。在进行海陆界面景观可持续规划设计时，要强调自然廊道的保护利用和人工廊道的生态景观塑造，如道路中间的岛形绿化带、滨海带状绿化带。在海陆界面中，局部改造绿化地形会影响区域环境，整体绿廊网络的改造可影响整个海陆界面的休闲空间。

（3）基质

基质也叫本底。基质所占面积越大，其连接度越强，对景观功能影响也越大。斑块和基质的实质有很大不同，为此从相对面积和连通性角度，提出区分基质和斑块的两个标准。相对面积指当一种景观要素类型在整体景观中所占面积最广时，为该景观基质；该基质面积应大于任何其它面积总和的 50%；若面积低于 50%，须另选择其它标准。连通性指若某空间不被两端与其周界相接的边界隔开，则视该空间为连通。当某景观要素完全连通并包围其它要素，则视其为基质。基质非完全连通，可分成若干块，通过对基质研究，可以在研究海陆界面基质时，分析何种景观要素在海陆界面中占的面积最广，然后可以加强保护该基质的连续性。

对海陆界面基质进行研究时，发现该基质中某种景观要素正在逐年递减，就要加强对该种景观元素的保护，防止这种景观元素在其它干扰下逐渐消失，避免海陆界面生态环境日益恶化。

近几年，对以斑块、廊道和基底为景观生态学核心的概念、理论和方法的研究已成为现代景观规划设计的一个重要方面，景观界很多人把此称为景观生态学的基本模式。这种基本模式为我们提供了一个专业描述景观生态学系统的“空间语言”，使得景观结构、景观的功能和动态被阐述得更为详细和具体。而且，此种模式是景观格局和过程随时间变化的决定要素。

空间尺度即空间的比例，是衡量生态空间格局和生态过程的尺度。景观生态学认为景观在不同研究尺度上表现出不同的性质和属性，即景观的生态空间格局和生态过程随空间尺度的不同而不同。故在景观生态学的研究中，尺度有着十分重要的意义，必须根据研究对象的性质与研究目的确定适当的空间尺度与时间尺度，以便真实地了解研究对象景观性质的真相。空间异质性是指生态学过程和格局在空间分布上的不均匀性及复杂性。异质性的结果是使地球上形成了各种各样的不同景观。景观生态学所指的格局，往往是指空间格局，即斑块和其它组成单元的类型、数目以及空间分布与配置等。与格局不同，过程则强调事件或现象的发生、发展的程序和动态特征。等级理论认为任何系统是属于一定等级范围的，并具有一定的时间和空间尺度。由于景观是由不同生态系统的空间集合与组合构成的，等级性原理就规范了景观生态学研究对象应是景观的不同生态系统或景观要素的空间关系、功能关系以及景观整体的性质与动态。

景观生态学作为宏观生态学研究的重要方向，在落实海洋生态文明，建设美丽海洋过程中具有不可替代的学科优势和独特作用。

第一，景观生态学中的景观尺度与海洋生态文明建设中的区域尺度相匹配。区域尺度上的空间单元就是各个既独立又相对联系的景观空间，海洋生态文明建设应以具体的景观空间为基本单位，建设内容主要是引进新的、适合场地的景观类型，以恢复原有景观特征为目标，适当调整当前景观格局，以逐步恢复受损的海洋生态系统功能，提高海洋景观格局的有序性、稳定性，将海洋景观格局演变引向正向的良性环境循环。

第二，景观生态学中的格局-过程理论可作为落实海洋生态文明建设的基本理论依据。海洋生态文明建设不仅要建设美丽的蓝色港湾、碧海、沙滩、滨海城镇等靓丽的海陆界面海洋景观格局，更要建设和恢复景观结构稳定、功能多样、生态环境协调的海洋系统，以景观生态学中的格局-过程理论为指导依据，可完美将海洋景观格局建设与海洋生态系统功能可持续修复结合起来，达到有效的以格局优化增强生态功能，实现海洋生态文明建设的最终目的。

第三，景观生态学中的格局分析指数可以作为落实海洋生态文明建设的重要量化考核与检验指标。景观格局指数是量化景观格局最有效的方法及手段，也可作为海陆界面海洋空间景观格局优化的控制性指标，使海洋生态文明建设不只停留在概念上，而是可以具体落实到海陆界面海湾形态描述、围填海空间格局描述等量化指标上，作为海洋生态文明建设落实情况的考核与检验指标。

我国海陆界面区域经过几十年的高强度开发，海陆界面侵蚀、港湾淤积、私搭乱建等问题越来越严重，许多海陆界面自然海岸线景观已破坏殆尽。为了不断深化和落实海洋生态文明建设，还原美丽海洋，近年来开展了一系列针对海陆界面生态修复与景观规划建设及修复工程，主要包括海陆界面岸堤侵蚀防护、沙滩及滩涂维护、海湾清淤、海域空间整理、海陆界面景观修复与美化、海陆界面与海岛植被恢复等。景观生态学中的景观格局与生态过程整合关系可作为这些海陆界面生态修复项目的理论基础，指导海陆界面生态修复不仅要整治修复海陆界面景观格局，还要修复和恢复海陆界面生态过程，实现海陆界面景观格局与生态过程的无缝衔接。

例如海域空间治理，不仅要拆除私搭乱建的违章建筑，恢复海陆界面滩涂景观，还要对此区域实施生态修复，恢复海陆界面滩涂底栖生物群落的生存环境，保障海陆界面鸟类的滩涂觅食。生态系统是由无机环境与生物群落相互影响、相互作用而形成的统一整体。生态系统中各组成成分紧密联系在一起，具有一定的结构和功能，结构上有许多相同点。生态系统的稳定性包括抵抗力和恢复力的稳定性。其自我调节能力是生态系统稳定性的根本，生态系统中组成成分种类越多，食物网就越复杂越稳定，更容易抵御外界的干扰。海洋自然保护区是为了保护海洋珍稀濒危资源、典型性海洋生态系统、珍稀海洋生物、自然历史文化遗迹等海洋自然环境和自然资源，依法将包括保护对象在内的海岸、河口、岛屿、湿地、滩涂、海域选划出来，进行特殊保护和管理的区域。

海洋保护区选址与规划管理是我国落实海洋生态文明的重要工作。海洋保护目标在海洋空间上分布不是很均匀，总会存在一定的群聚分布区，也就是保护目标的分布存在景观生态学上的空间不同性。海洋保护区的选划就是依据景观生态学中的空间不同性与多样性理论、岛屿生物地理与空间镶嵌理论、最小面积理论等划分海洋保护目标群聚分布的空间斑块，并对这些空间斑块的保护提出管理要求。可以说，景观生态学是海洋保护区选划研究的基本理论依据。

在海陆界面整体植物规划中，不但要从功能和艺术效果上考虑色彩、季相、形态、姿态、声觉等多方面的变化和要求，更要根据滨海区的具体情况，适地选择合适的树种，按照物种结构愈复杂愈稳定的法则，形成多种混交结构的模式，设计时注重常绿树和落叶树按比例搭配，注重速生树种与慢生树种按比例搭配，注重各种植物之间的平面距离、立体结构、林缘线、林冠线的变化等。此外，海陆界面区域作为不同生态系统的交汇地，具有较强的生态敏感性，同时滨海道路的建设难免会造成一定的开挖填方，尤其在地形较为复杂的滨海城市更是如此。将生态规划理论运用到城市海陆界面景观营建中去，降低道路对周围环境的影响，提高道路两缓冲区生物群落多样性，对保护生态和经济的可持续发展起到重要的作用。

本章主要利用海陆界面景观规划与可持续理论、城市规划学理论、环境行为心理学理论、视觉艺术理论及与景观生态学理论等，分析了海陆界面可持续景观规划的理论基础，从而为进一步研究规划方法及后续案例研究提供理论依据。

第三章 海陆界面可持续景观规划方法

第一节　海陆界面相关概念的界定

为了更好地将海陆界面可持续景观规划方法应用到总体和局部规划中，在这一节我们需要从微观层面上详细定义海陆界面相关概念。

一、海陆界面

城市海陆界面是海域与陆域交汇处，是一种特殊的地形结构。由于各国对海陆界面定义不同，到目前为止划分方式主要有以下两种。

一种是将海陆界面地区划分为五个部分：内陆海陆界面陆地部分、滨海海陆界面区域土地（滨海人类居住区、湿地）、海陆界面水域、离岸海陆界面水域和远海海陆界面水域。而城市海陆界面区是指其中的城市滨海海陆界面土地和城市滨海海陆界面水域两部分的所属城市范围内区域。

另一种是从城市滨水区的角度对城市海陆界面区进行界定，其特点是滨海海陆界面陆地与滨海海陆界面水体共同构成了环境的两个主要因素。

两种定义都强调城市海陆界面区是海域和陆域共同组成的产物，但都未对城市海陆界面区的范围做具体的界定，这是因为城市海陆界面区空间上有弹性较大的过渡区域，要想精准确定城市海陆界面区辐射到的周边范围比较困难，意见也不易统一，因此在具体项目操作中，经常在过渡区域中选择行政区的边界作为城市海陆界面区的边界，或者根据具体的项目来确定某个具体海陆界面的范围。

对于本书来说，城市海陆界面区是指城市建成区范围内的海陆界面岸段，也可按照具体的项目来做划分。目前国内外对于海陆界面的说法较多，且划分的标准也各不相同，但这些概念有它们的共同之处，那就是海陆界面应是陆地与海洋相互作用的地理区域范围。从海陆界面概念及其内涵的历史发展过程可以看出，人类对海陆界面的定义范围不断认识，同时认知也不断加深，对海陆界面知识的掌握也不断加深。人类在不断变化的过程中对海陆界面的认知逐渐加深并展示出海陆界面更加丰富的内涵。通常进行海陆界面管理的区域应是一个特定的区域，不能像计划界定的范围那么大，它必须加入“人”的因素，即社会和管理的因素。基于此认知，本书将海陆界面界定为沿海陆界面两侧一定距离呈带状分布，受人类活动影响比较大，并且能较好地进行全面管理与规划研究的行政地理单元。这样划分主要是利用现有的行政区划来确定海陆界面，既反映了海陆界面所独有的自然地理特征，也考虑到社会管理意义上的属性，易于人们理解。界线划分清晰，可以提升管理的优越性，也有利于搜集和调查研究相关数据进行定量评价和管理调控。

根据上述有关定义的分析，本着现有统计资料和掌握的数据，本书将海陆界面的地理范围界定为具有海陆界面的行政地理单元及其近海海域所构成的海陆一体化带状区域。本章的案例研究主要从代表性沿海城市的海陆界面来进行研究，这些地区具有明显的海洋区位优势，海洋经济在国民经济中占有重要的地位，而海陆界面资源环境问题较为突出，进行可持续景观规划研究刻不容缓。

二、海陆界面的范围

早期的海陆界面概念是指沿海附近狭长的陆地，是指高潮线之外的陆地部分的海陆界面。约翰逊将海陆界面定义为海陆界面就是一种特定沿海区域，向海的方向是大陆架的边坡，大约是一等深线，其上限是陆地等高线，内陆能延伸到河流区域(图 3-1)。某学者认为“从人文方面讲，海陆界面是一个向外辐射的概念。海陆界面是以海岸线为基线向两侧扩散且辐射的范围（图 3-2)。熊永柱（2007）认为离得最近的是一个最基本的单元，再向外扩展应到省、自治区、直辖市甚至周边国家，海陆界面的最主要标志是海港，岸外是海岛，海岛以外能扩散到领海，领海以外是

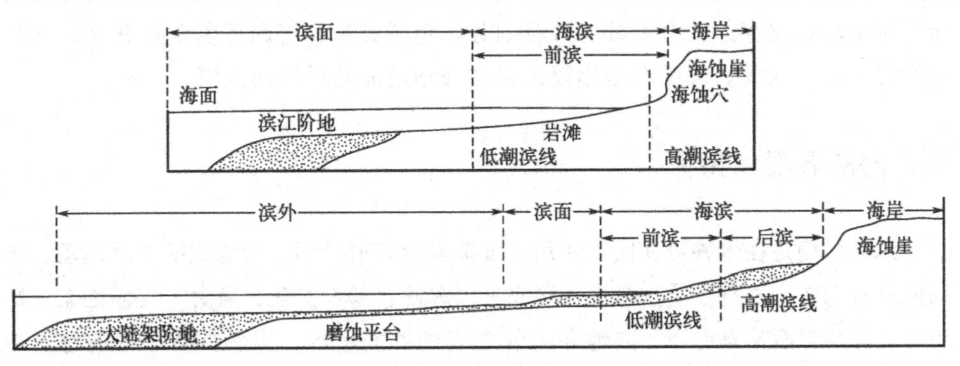

图 3-1　约翰逊的海陆界面概念

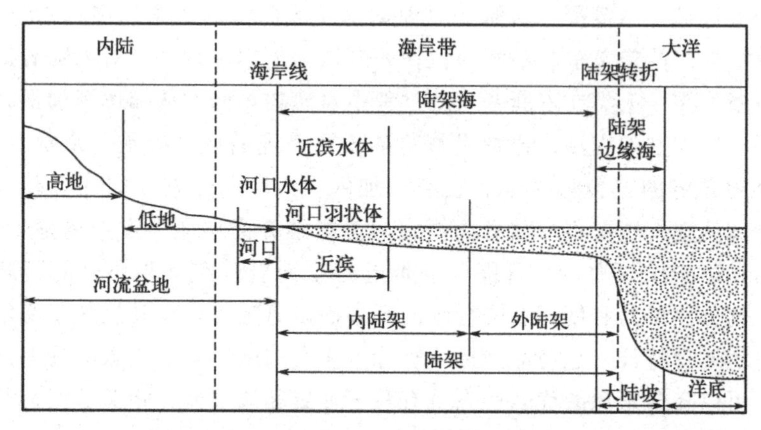

图 3-2　海陆界面辐射范围

经济管辖区，再往外是开放的大洋。以上定义可以表明，海陆界面的研究，由于开发和管理的目的不同，可以有不同的海陆界面界定范围。

国际上划定海陆界面的范围一般有四个标准：①自然标准；②行政边界；③任意的距离；④选择的环境单元。

有些国家综合运用这些标准来确定海陆界面大概的范围。每个标准各有优势和劣势，须依各国的具体情况来划分。各国所采用的界定标准并未统一，没有哪个原则或者标准是全世界普遍适用的，不能用一个标准来衡量或者划分管理区域。从各国目前划分的情况来看，可归纳为两种狭义的海陆界面：一种是指地貌学意义上的海陆界面，仅限于海陆界面附近较窄的、狭长的沿岸陆地和近岸水域；另一种是指管理意义上的海陆界面，它向海扩大到沿海国家海上管辖权的外界，即海里专属经济区的外界。向陆地界面扩大时，可以扩大到附近沿海县、市和省的行政地理单元管辖范围。

每个国家视本国具体情况，综合以上四个标准来确定海陆界面的范围。不论怎样划分海陆界面区域，都应该满足界线详细清楚、便于操作、易于理解的要求；尽量承认现存的社会及政治区域划分，包括具有经济和环境双重意义的海陆界面资源区。因此，应综合运用以上标准来划定海陆界面的范围。

三、海陆界面的特征

海陆界面是在多种可变因素作用下逐渐发育和形成的，如地壳的不断运动、不同的地质构造、岩石性质、海浪、海底火山爆发、潮汐变化、风力、气候因素、冰川等，海陆界面又是海洋、陆地和大气三者的共同边界，当然具有三者的综合特征，这主要体现在土壤（如含盐碱）、地貌、生物、水文、气候等诸多方面。

（1）海陆界面全球气候变化

海陆界面是陆地—海洋—大气交互作用最强烈的地区之一，气候对海陆界面的海域与陆域边界区具有强烈的影响。海陆界面全球气候变化包括全球区域气候、季风等，是全球气候变化的重要组成部分。全球气候变暖致使海平面上升，它将会对全球沿海地区人民的日常生活构成严重威胁，也对自然环境演变、社会经济发展造成更严重的破坏。

（2）海陆界面能量循环和物质通量

海陆界面与近海是一个非常特殊的地区。深海大洋与海陆界面区域形成不同的动力体系皆是风、浪及潮汐综合作用的结果。径流过程是海陆界面动力体系中一个特殊的动力作用，大量的堆积物通过河流从陆地输送到海洋，先输入到海陆界面区域，然后形成泥沙流沿海岸移动或向外海区域慢慢扩散，参与海陆界面区域与近海的慢慢沉积过程，径流过程对海陆界面的塑造起着至关重要的作用。

（3）海陆界面区域的生态系统

生物圈是海陆界面区域的一个重要组成部分，是仅次于热带雨林的生态系统，陆地区域和海洋区域向海陆界面输送大量的有机物质，使得海陆界面区域孕育了丰富的生物资源，如海草群落、珊瑚礁、沙生植物群落、盐碱地植物群落、红树林等。海陆界面区域的生态环境，因地质构造的不同、陆地地形地貌发展阶段和海岸动力过程的不同而具有区域性特点。

（4）海陆界面区域的自然灾害

海陆界面区域的自然灾害是海洋与大气系统对陆地系统直接作用的重要表现形式。全世界的海陆界面区域都是人口最密集、经济发展最快、社会财富凝聚力最大且发展最迅速的区域；但是海陆界面区域的自然灾害是经常性的且破坏力极强的。海洋灾害主要包括台风、地震、海啸、海浪、海冰等突发性较强的自然灾害，以及海岸的侵蚀、海湾的淤积、海水倒灌、沿海地下含水层、温室效应，使海平面不断上升，还引发海陆界面区域陆域土地盐碱化等缓发性灾害。

（5）海陆界面区域的人类活动

海陆界面区域是人与大自然相互作用最显著的区域之一，由于沿海人喜欢亲近海水和开发海陆界面水域和陆域地带，导致近几十年来人类活动对海陆界面的干扰也越来越严重，破坏了海陆界面区域生态系统的稳定性和多样性，这种对海陆界面地形地貌及生物资源的干扰，也反过来影响了全球气候和环境变化。

四、海陆界面的类型

第一章已经介绍过几类海陆界面的不同线型，本章将进一步按照海岸线进行详细分类。

到目前为止，对于海陆界面类型的划分，没有一个统一的标准。参考国内外的研究资料，并根据海陆界面所处的地理环境、海岸物质组成以及海陆界面开发状况等，同时考虑到河口海岸线的特殊性，需要人为规定河口海陆界面的位置，可以将海陆界面类型分为 3 个一级类和 13 个二级类（表 3-1）。

表 3-1　海岸线分类体系

一级分类	二级分类	说明
自然海岸线（自然海陆作用状态下的海陆界线）	基岩海岸线	地处基岩海岸的海岸线
	沙质海岸线	地处沙滩的海岸线
	淤泥质海岸线	地处淤泥或粉砂质泥滩的海岸线
	生物海岸线	由红树林、珊瑚礁等组成的海岸线
人工海岸线（人工改造后形成的事实海陆界线）	养殖围堤	由人工修筑而用于养殖的堤坝
	盐田围堤	用于晒制盐碱的堤坝
	农田围堤	用于农作物种植的人工堤坝
	建设围堤	用于城镇建设的围垦海岸线
	港口码头海岸线	修筑港口码头所形成的海岸线
	交通围堤	用于交通设施的人工修筑堤坝
	护岸和海堤	建造在海滩较高部位用来分界海滨陆域与海域的建筑物，它的走向一般大致与海岸线平行
	丁坝	一种大致与海岸线垂直布置的海岸建筑物
河口海岸线	河口海岸线	入海河口与海洋的界线

第二节　海陆界面的总体规划

海陆界面总体规划包含面较多，本节所研究的主要方向为海陆界面可持续节点规划、海陆界面可持续景观结构与功能规划、海陆界面可持续视觉规划、海陆界面可持续游览道路交通规划、海陆界面可持续植物景观规划、海陆界面可持续设施规划、海陆界面可持续夜景规划。

一、海陆界面可持续节点规划

海陆界面景观带是临海城市在海陆相互冲击作用下而产生，具有一定景观价值的带状区域，而可持续节点就是景观带上根据其不同性质划分出来一个一个区域，如可以作为滨海公园区域、滨海广场区域、海洋公园区域、居住区域等。它们是滨海城市景观规划系统的重要组成部分，同时也是城市居民休闲娱乐、亲近海水的主要场所。海陆界面可持续节点规划要充分发挥海的作用，提供与海密切联系的活动方式，将大海融入城市肌理，融入城市生活。海陆界面丰富的地形地貌提供了多样的景观资源要素。海陆界面景观带的规划设计，应该综合协调自然景观、人工景观、人文景观三者的关系，塑造出独具特色的城市滨海景观。

1. 海陆界面公共空间规划设计

城市海陆界面公共空间规划设计，应该解决有限的海陆界面资源与市民、城市空间发展需求间的矛盾，使城市海陆界面开放空间发挥其在城市公共空间中的作用。在进行海陆界面开放空间规划时，应体现共享性、可达性、亲水性。

海陆界面地区是城市最富景观特色的特殊地区，让全体市民和游人共享海陆界面公共空间体现了社会公平的原则，如果将大面积的海陆界面公共空间出让给房地产公司，把享用海陆界面的权利赋予了少数富人，是对海陆界面公共空间资源的无端浪费，同时也导致社会不公平。

可达性是滨海城市居民和游人享用海陆界面公共空间的保障。规划设计应该从心理和空间上增强可达性，提供方便的出行方式，减少中间阻隔。便捷的交通能够缩短人们到达滨海开放空间的时间和空间距离，目前主要采用人车分流的方式（如滨海木栈道和机动车道的分离）提高空间的可达性，整合步行交通系统，或局部采用立体的交通模式。

海陆界面公共空间规划设计应该建立人与水域的紧密联系，利用丰富的海陆界面景观，为人们体验水和亲近水创造便利条件。瑞典霍恩博格海滨公园的规划设计把亲水平台延伸到海陆界面海域中，让居民和游人能更贴近大海去享受海天相接的美丽景色，此设计体现了海陆界面空间中的共享性及亲水性（图 3-3、图 3-4）。

图 3-3　霍恩博格海滨公园鸟瞰图

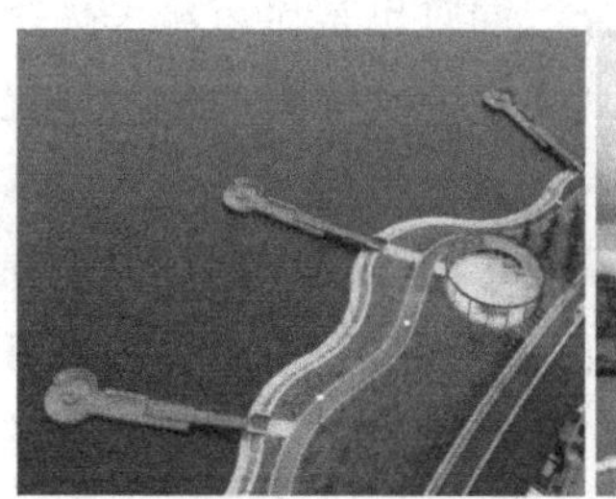 

图 3-4　霍恩博格海滨公园局部效果图

2. 海陆界面景观道路规划设计

海陆界面上的滨海路犹如景观带的脊柱，具有贯通、连续、导向和空间渗透四种属性。海陆界面主干道路线应当随地形的等高线设计，或者随着海岸线自然地贴合设计。二级道路一般应与海陆界面垂直布置，以增强海陆界面空间的可达性。步行景观步道是海陆界面景观功能的重要组成部分，规划设计中要以适应人群的多样化需求为基本原则，依照城市整体规划以及未来城市发展的需要，结合城市步行交通系统，融入地域特色，创造出多层次的、多功能的游憩娱乐公共开放空间。

海陆界面景观道并非单独的一条线，它是城市与海洋相互贯通联系的景观廊道，兼有景观和交通功能，它使海陆界面地区向内地渗透、扩散，构成完整滨海城市的景观系统。

3. 海陆界面标志性景观

标志性景观可以是山体、建筑物或者是标志性构筑物，或者是沙滩雕塑、海陆界面广场、自然或人工特色绿地。总体来说，海陆界面标志性景观是在海陆界面景观带中处于标志性核心地位，在景观系统中有历史文脉可查寻和起到积极作用的客观场所或实体。按标志物的属性，可以分为以下几类：利用地形地貌作标志物（如景观带中的山体、近海岛屿）；特色建筑物或构筑物（如公共建筑、灯塔、雕塑、标志灯箱）等；场所性标志物，如日本神户码头。

二、海陆界面可持续景观结构与功能规划

可持续海陆界面景观的结构与功能规划强调结构和功能的和谐统一，什么样的功能促成了什么样的结构，一定形式的结构模式会构成与之协调的功能。结构规划是在尊重海洋和陆地各自景观风貌和地形条件的基础上进行的。海陆界面上对陆地土地的利用首先应该强调对生态的保护，然后是在经济、社会以及美学等多重价值上的优化，而不是其中单一价值的效益最大化。海洋的资源利用也类似于陆地，以可持续作为其功能目标。在对两者进行规划时，规划师都应以保护其

功能与结构为前提，在此基础上运用可持续技术贯彻始终，达到最和谐的自然效果。

三、海陆界面可持续视觉规划

城市景观的塑造和保护须体现尊重自然和保护自然的精神，即须充分认识自然环境与人的关系。城市海陆界面可持续视觉景观规划的内涵既包括城市环境和城市生活共同组成的物质形态，也包括规划师把这种城市物质形态转变为视觉形式的主观感知。处在城市中的人对空间、建筑及其它景观的直观感受和主观体验大部分是通过视觉器官来实现的。

就本书研究而言，注重可持续视觉分析与城市规划之间的关系，以控制景观轮廓线高度为落脚点，研究视景、视点、视廊及人的视觉反馈和心理体验等，有利于塑造优美的、可持续的、人性化的海陆界面地区城市形象。

如何能做到有效控制城市滨海海陆界面景观轮廓线？如何能很好地从广阔的海平面观赏到城市滨海景观轮廓线？滨海海陆界面景观轮廓线主要由地形、建筑、构筑物和植被绿化决定，合理运用与控制可以打造出富有韵律与层次感的滨海海陆界面城市天际线，城市天际线是海陆界面所有实体环境要素最上部边界的投影，依据相关天际线层次类型理论和视觉观测距离的远近差异，结合滨海海陆界面不同城市的具体情况，滨海海陆界面城市的天际线一般可分为前景、中景、背景几个层次。对于滨海海陆界面城市天际线的规划与设计，首先要分出天际线层次所在的区域，对于处在同一层次天际线区域范围内的景物进行整体规划与控制，使各层次的天际线具备独特的视觉美感、节奏感和韵律感。其次，重点保护前景天际线轮廓。城市的建设见证了历史潮流的不断变化，而从海上看城市的前景天际线区域通常是最能体现历史和文化价值，因此一定要对该区域范围内具有重要历史及人文价值的建筑予以保留和适当维护，保持城市历史发展的连续性和独特性。城市海陆界面前景天际线层次区域最好由高度和体量单位较小的历史建筑组成，在不阻挡原有景观视廊的条件下，可以考虑在该区域内非敏感地段增加少量且能融入整体环境的新建筑，增加的建筑高度和宽度不宜打破原有前景天际线的轮廓线。前景天际线的高度不能够遮挡中景和背景天际线。并且要严格控制中景天际线，该层次区域的建筑应以体量大的高层建筑为主，但靠近前景天际线区域的建筑不宜过高，否则会对近海海陆界面产生压迫感和巨大的阴影。该区域内的高层建筑也不宜连续出现，应避免视墙效应。中景天际线区域宜建立一个或者多个标志性的视觉中心，可以是外观独具特色的建筑物或构筑物，也可以是有独特文化特色的高层建筑群，当存在多个视觉中心时，应有主次之分。对于以山为背景的滨海海陆界面城市视觉中心的位置则宜选在山体的最低处，不能遮挡作为背景的山体；建在山峰处的建筑适合低于山体和滨海海陆界面区的视线，建筑轮廓与山体轮廓应互相配合，使其形成具有起伏变化的天际线。再次，缓和背景天际线。趋于这一层次的建筑应该以多层建筑和小高层建筑为主，建筑高度差异不要太大。对于那些以山为背景的滨海海陆界面城市，该区域的建筑起到了中和前中景与背景山体的作用，能很好地丰富中景天际线与山体间的层次变化。该区域内新建建筑的高度应在一定可控制范围内，使新建的建筑能起到缓解背景建筑天际线的作用。对于作为背景的山体要保持其自然原貌，强化山体的背景特点，新建的任何建筑不得对其进行视线遮挡，保证其轮廓线清晰可见。最后，规划设计好三层背景关系。保证三层天际线间存在明显的高度差、韵律感和节奏感，形成最适合城市海陆界面轮廓线的视觉效果。城市滨海海陆界面建筑是天际线中影响最大的因素，除了要符合以上的景观及建筑规划和控制要求，还要遵循以下几点。

① 在视线能达到的观海范围内，建筑的高度随着建筑离海距离逐渐增加并且适当增高，开阔视野空间，为更多的人提供观赏优美海景的条件，丰富近海海陆界面的景观层次。一定要考虑到建筑群与周边环境的相互融合、相互衬托，突出其环境特点。

② 优化建筑间距，保证滨海海陆界面景观的通透性和层次性。城市规划设计师要严格控制临海高层建筑，减轻其对景观的遮蔽。

③ 根据滨海海陆界面区域的不同划定禁止建设区域，区域内禁止开发任何建筑及大型构筑物，保证滨海海陆界面空间的开敞，为人们提供亲水的功能空间。游客在观赏城市滨海海陆界面景观时会忽略对城市天际轮廓线的观赏，因此规划设计天际线的手段十分重要。

对于城市天际轮廓线的观赏可以分为静态观赏和动态观赏两种。静态观赏的重点在于观赏点的地点选择，良好的静态观赏点大部分具备视野开阔，视距较远，能驻足停留不受任何交通等因素干扰的特点。行走在道路上，天际线的动态观赏效果取决于道路空间线形的选择，道路的弧度和竖向变化都会产生多维的视线变化，从而产生意想不到的景观视觉效果；同时开发海上旅游游轮观光项目，使更多游客可以从海上领略滨海城市海陆界面天际线景观给人带来的视觉震撼。

四、海陆界面可持续游览道路交通规划

海陆界面可持续游览道路交通规划既包括滨海旅游区与外界的交通联系，也包括区内的步行交通系统，对道路的宽度、类型、走向和组合进行合理的组织是景观组织的核心内容之一。

1. 海陆界面可持续游览道路交通规划要求

① 海陆界面景点的位置为景点间的道路规划提供了多种可能性，但并不是景点间的任意连接都可以实现，海陆界面旅游区的地质、地貌等地理特征影响着道路的通达性。不同生态系统其抗干扰能力也不同，所以在规划游览道路时应尽量避开生态脆弱区，保持其连续性和完整性。

② 依据海陆界面游客流量数据，分析结果并对海陆界面可持续游览道路进行规划，在一些保护性的区域内（如海陆界面自然景观保护区）可以控制旅游容量，在一些游憩娱乐区内可以疏导游客，避免盲肠效应和瓶颈效应。

③ 海陆界面可持续游览道路的不同走向、弯曲度和交叉等都会对游客的心理产生影响，不同的旅游方式对可持续游览道路规划也具有不同的要求。

2. 海陆界面可持续游览道路交通规划原则

① 在海陆界面交通规划区域内应尽量遵循人车分流，步行优先的原则。从众多可持续游览道路交通规划和开发实践中我们可以看到立体化的交通规划（即将交通地下化和高架化）是实现这一规划原则的重要途径之一，如地上停车场的地下化，保证了地面行人通行的安全和便捷性，也争取了更多的地上绿化面积，再就是地上生态停车和立体停车场的大规模建设，减少土地浪费，扩大生态绿化容量。如果不能通过其它干线的扩展来减少其交通量，也可采取修建人行天桥和地下通道的方式让人们可以方便快速地到达海陆界面区内。

② 区外海陆界面交通规划强调它的可达性。移动的时间、距离和便利程度通常是衡量可达性的标准。增加海陆界面区的可达性，一方面应尽量消除影响海陆界面区与外界联系的物理性障碍，并注意防止新的物理性障碍的产生；另一方面要尽量设计多种交通方式，让游人、步行或乘坐公共交通工具的当地居民和自驾者都能方便、快捷地进入海陆界面区，并为自驾者提供适合的生态停车场。

③ 区内海陆界面交通规划强调它的连续性。步行交通系统的连续性最为重要，也是规划的重点。在海陆界面旅游区内形成方便的步行系统，是吸引游客和本地居民参与游憩的重要条件之一。区内沿海陆界面步行道路将各个景点串联起来，并与风景区内的步行小径互为相通，形成有机的、连续的步行交通系统网络。连接海陆界面区上游的码头建设也不容忽视，其选址也要考虑到整体海陆界面区的游览道路布局，尽量将其纳入步行系统网络中来，这样游人不但可通过陆路游览各个景点，还可乘船进行海上游览，海路、陆路组成游览循环路线。

④ 创造富有特色的可持续游览道路景观。海陆界面内滨海道路是滨海游憩的重要组成部分，与人们的游览活动关系有着密切的联系，容易产生较好效果，给人留下深刻印象。因此创造富有特色的海陆界面道路景观，是海陆界面旅游区内可持续游览道路交通组织规划和设计的任务之一。

3. 城市滨海海陆界面道路景观规划设计

城市道路的主要职能是交通，它维持着城市的正常运转，然而道路作为城市景观规划的一部分，它串联起周边的区块、节点、建筑、植物、构筑物等景观，起到了组织城市景观的作用，也为人们提供了日常来往的穿行空间。

（1）道路景观的构成要素

道路景观是由静态、动态两要素构成（表 3-2）。

表 3-2　道路景观构成要素

道路景观的构成要素	静态要素	自然静态要素	地形、地貌、植物、水体、天空
		人工静态要素	建筑、铺装、小品（花坛、花钵、座椅、雕塑、电话亭、指示牌等）、交通设施（立交桥、高架桥、人行天桥、信号灯、候车亭、交通标志牌、路灯、护栏等）
	动态要素	主要包括车流、人流和道路上的各种活动	

（2）道路的空间组成

Noberg Sdiulz 将道路的空间组成分为底面、立面和顶面。底面指的是道路的铺装，立面指的是道路两侧的建筑、植物、公共交通设施以及雕塑、小品等，顶面指的是道路的天际线。其中道路宽度（D）和立面高度（H）的比值差异影响人的感受。当 $D/H<1$ 时给人紧迫压抑的感觉，且比值越小，压迫感越强；当 $D/H=1$ 时，给人亲切舒适的感觉；当 $D/H>1$ 时，给人距离感，且随着比值的增大，距离感越明显。

（3）滨海路的布局特点

海陆界面滨海大道一般沿海陆界面交界线延伸，但切忌与海陆界面海岸线平行，道路形状应随地势变化而变化，与海陆界面交界线时离时合，留出足够的眺望点和观赏区域，增加道路景观变化的趣味性。其它等级的道路多与海陆界面交界线垂直布置，以便直通滨海海陆界面景观带。

（4）滨海路海陆界面景观规划设计方法

海陆界面滨海大道：是城市滨海海陆界面景观带的”脊柱，具有空间引导的贯通性、方向性、空间韵律节奏性等，在景观规划设计中应有效组织各类构景要素并加以强化。对于道路两侧的不同种类建筑群，可根据不同路段的不同需求建造或者适当进行外立面改造。连续并且节奏感一致的建筑可增强道路空间的导向性。根据实地调研考察某些局部建筑的后退可增加空间的变化，滨海道路两侧的建筑轮廓线是影响道路空间韵律感的重要原因之一，不同的建筑外立面风格、外立面色彩、外立面造型会给行走在道路上的人不同的视觉感受。在道路景观设计中，植物起到了软化硬质景观和遮挡不和谐景观的作用。滨海大道主要以机动车道为主，路人对同一景观空间的视觉停留时间相对较短，应该采取大尺度、大色块的植物搭配，适当加大种植重复单元模块的尺度，以大面积简洁明快、局部精致搭配为主要原则，尤其是绿化分车带的设计。对于人行道的植物搭配，还要格外重视植物景观的丰富性及层次性。完善交通设施，注重对它的多功能设计；停车场可以采用植草格铺装形式，最大化发挥其生态功能。合理布置具备装饰性、功能性、可辨识性的雕塑小品，并根据人群密集的程度合理增加公共座椅、公厕等公共设施。对于滨海大道两侧的人行道，应通过铺装的形式增加道路的导向性和可辨识性，设置无障碍设施。

滨海路步行街：步行是人们进行放松、休闲的一种方式，步行街为人们提供了赏景、交往的场所，滨海海陆界面区域的自然环境和历史人文底蕴使其更加适合建设具有地域特色文化的步行街。滨海路步行街的设计应遵循以人为本的原则，为游览滨海路的游人创造多种功能的活动空间。建筑应该以小体量的建筑为主，并且距海面有一定的距离。滨海海陆界面步行街因受海风、盐碱等条件的影响，栽植的植物首先应有较强的抗海风、抗盐碱能力。还要根据各个景观空间的需要，确定植物的栽植位置和搭配情况，以发挥植物美化环境、创造优良空间等的功能。地面铺装的色彩、材质、图案的搭配要融入地域和海洋特色，并使其发挥划分功能空间、宣传地方特色等功能。结合原有地形设置步行街活动空间，增加场地的趣味性，以满足不同活动对场地空间的特殊要求，尤其是满足人们的亲水性需求。雕塑小品的设计要融入地方特色，具备可辨识性，完善护栏、照明、标识、无障碍等基础设施的建设，保障游人的安全性与便捷性。

五、海陆界面可持续植物景观规划

城市滨海海陆界面景观带的绿化设计应遵循以下原则。

（1）地域性原则

城市滨海海陆界面景观带的植物配置应多以本地树种为主，并且要充分考虑海滨城市的气候、地理条件和植物的生态习性，选择耐盐碱、抗风、着地牢固的植物，保证植物的正常生长，并不断引进其它品种，来丰富当地的植物种类。

（2）复层种植结构原则

植物的选择应增加乔木、灌木、地被植物相结合的五层种植结构的比例，增强植物群落的稳定性，使其发挥最大的效益和价值。

（3）功能性与艺术性相结合原则

充分发挥植物为空间提供遮阴避暑、分割空间、组织引导视线和审美等功能，协调植物景观单元的尺度与空间的尺度，适当增加色叶树种的种植。

（4）季相性原则

充分考虑本地植物的季相性变化，适当增加常绿树的比例，以此来保证城市滨海海陆界面景观带四季有景可赏。

植被可持续景观规划主要针对海陆界面区域规划范围内的植被，从景观和空间角度，根据不同的功能分区及景观规划需求，塑造不同的植被景观绿化带。同时对各类植物景观的植被选择、植物造景方法、植物养护手段及特色林带（如观果的、观皮的、观形的、观花的）等进行分区、分级别规划。

海陆界面生态核心保护区的植被景观应以恢复和保持原有植被景观特色为主，维护海陆界面原生优势种群，植物种类以原生本地植物为主，要尊重自然界的自然法则。

海陆界面文化核心保护区的植被规划主要做好现有植被的保护，尤其是对珍贵树种和古树的保护。对区内植被发生退化的区域，应根据该区域植被景观特色进行有效恢复。

海陆界面退化湿地和沙滩地恢复应当以恢复湿地生态效应为主要目的，沙滩地应多种植沙丘草，防止退化。

海陆界面缓冲区的植被景观应兼顾生态效应和景观效应，必须以生态效应为前提，培育地带性树种群落和特有植物群落。同时适当引进生态与景观效果两者兼顾的植物种类，但在引进前应做好植物安全检查工作，避免对本土植物群落造成伤害。

海陆界面户外游憩区的植被景观规划应以本土植物为背景植物，以景观特色植物做前景，形成具有良好景观视觉效果的植被景观。

海陆界面公园绿地服务区的植被应当强调乔木、灌木、草木的合理搭配，植物的造景主要考虑该区服务设施和景观功能相协调。

本小节的海陆界面可持续植物景观规划设计包括海陆界面自然植被群落、人工植被群落、沙生植被群落、盐生植被群落。详细植被规划设计是在总体规划基础上逐步演化进行的，通过详细植被规划设计让植物生态理论在实施中能很好地贯彻总体规划意图，能更有效地指导城市海陆界面区域绿化带今后的建设和管理。

六、海陆界面可持续设施规划

在城市海陆界面可持续设施规划中，要对公共设施的人性化设计进行研究，并从人的行为习惯、人与环境的关系角度，对海陆界面可持续公共设施进行数量、设置位置、使用情况、存在问题等方面的深入调查分析。通过全面调研场地现状，明确海陆界面可持续设施规划，以下几个方面为规划方向：游客中心、餐饮网点、购物网点、运动娱乐设施、旅游交通设施、公共服务设施、景区标识系统、滨海景区以外服务区设置。

七、海陆界面可持续夜景规划

海陆界面可持续夜景规划是指以灯光景观建设为主体，从城市规划角度对海陆界面的夜晚灯光进行综合性规划；与此同时，在城市海陆界面可持续规划体系中，城市可持续景观规划、市政可持续设施规划、各专项可持续规划与灯光可持续景观规划的关系是最为密切的。可持续灯光景观的双重属性决定了它的编制，是以城市规划（设计）和城市灯光环境理论两条主线为理论基础。可持续海陆界面夜景的规划为人们提供宜人的夜晚灯光景观和城市生动丰富的夜晚形象，突出人文景观特色和自然风貌，反映滨海城市的特色风格。

1. 海陆界面可持续夜景规划满足功能需求

海陆界面夜景灯光环境设计是对物质形态的设计，是气氛与功能的结合，需要满足当地居民和游人夜晚出行的照明需求，以及景观和情感方面的多重心理需求。

2. 海陆界面可持续夜景规划满足心理需求

特色码头、浮标和引航的灯塔不仅具有实用功能，也是构建海陆界面广场灯光景观的重要角色。如灯塔对长时间航行在海上作业的船员来说，是方向的象征；同时，灯塔也是观赏海陆界面区域的最佳观赏点之一。因此，不论从哪方面说，灯塔都是海陆界面区域灯光景观的画龙点睛之笔，需要在海陆界面可持续夜景规划中予以高度重视。

3. 合理布局观赏空间

便捷的交通和停留条件是合理观赏空间的必备条件。因此，规划海陆界面可持续夜景灯光时需要将观赏点的交通和位置、视野条件一并考虑。

在海陆界面总体规划中对可持续节点进行分区（段）或者是按功能进行规划，海陆界面的局部规划就是更进一步进行节点规划，如分区主题、空间（类型、规模、布局等）、可持续材料的运用等各个方面进行详细规划。

第三节　海陆界面可持续景观规划技术研究

一、护坡技术

以往的边坡工程处理中，很多工程都忽视了环境保护，而只强调边坡的强度功效。边坡开挖定性以后，通过栽植植物，使边坡土壤与植物紧密结合，然后对边坡土层进行加固和有效防护，满足了边坡土层的稳定要求，也恢复了被破坏的自然生态环境。这种护坡方式被定义为生态护坡。以下列举几种常见的护坡种植方式，可以用于海陆界面边坡上。

1. 网箱种植护坡技术

网箱种植护坡技术是在水泥固定的基础之上，装入需要种植的植物，然后进行绿化建设，当前它是比较常见的一种边坡绿化形式（图 3-5）。

图 3-5　网箱种植示意图

2. 台式种植护坡技术

台式种植护坡技术方式有横向和纵向两个层面需要种植绿化，横向与地面横向绿化方式大体上一样，纵向可采用垂直绿化的方式种植攀爬植物，如地锦、爬墙虎等植物（图 3-6）。

3. 生态袋式种植护坡技术

生态袋式种植护坡技术主要针对开挖山体，也可以是更大坡度的坡体，开挖坡面大多为没有完全风化或弱风化的岩石边坡。少数坡体是碎岩填方造成的，填方密实度不够，容易发生滑坡和塌方的边坡，可以采用生态袋式种植护坡技术进行边坡防护施工。生态袋式种植护坡技术是近几年从国外引进的一种当前国内最新的一种边坡种植防护技术，其主要的核心技术是高分子生态袋。生态袋由聚丙烯及其它高分子材料复合制成的材料加工组合而成，这种材料耐腐蚀性很强，也

图 3-6　台式种植示意图

耐微生物分解，可抵抗紫外线，植物在里面容易生长，是一种使用寿命长达70年的高科技材料制成的护坡材料。主要特点是：①它能让水从生态袋体渗出，减小袋体的静水压力；②它的外部材料，可有效阻止袋中土壤外泄，达到水土平衡的目的，成为植物可以很好生存的“家”；③袋体柔软，便于放置，稳定性好(图 3-7)。

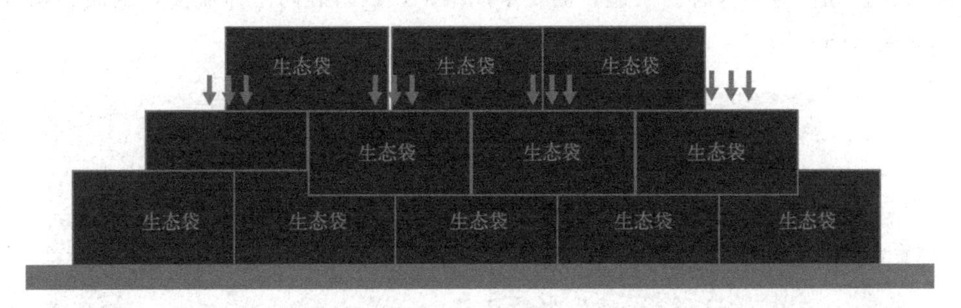

图 3-7　三角形生态袋结构示意图

生态袋式种植护坡技术通过将装满植物的生态袋沿着边坡表面进行层层堆叠的方式，使边坡表面形成一层适宜植物生长的种植环境，同时通过专业的组装配件使袋子与袋子之间，每层与每层之间，袋子与边坡表面之间紧密地连接在一起，达到固土护坡的作用，同时随着植物在里面扎根生长，进一步将边坡固定，然后在堆叠好的袋面上采用绿化手段播种植物，以达到恢复边坡植被的目的。由于采用生态袋式种植护坡技术所建造的边坡表面生长环境较好，草本地被植物、中小型灌木，包括一些矮小乔木都可以在袋体上生长，能够形成茂盛的植被覆盖。

生态袋植物选择和配置上应该遵循以下几点。

(1) 植物的选择

①能很好地适应当地气候，根系发达、扩展性强；②耐瘠薄，后期维护简单，绿期长，多年生；③种子丰富，发芽力强，容易更新；④培育种植简单，并且繁殖速度快；⑤适合播种栽植的时间较长；⑥不会恶性生长，造成生态破坏。

(2) 植物配置

①草本植物与藤本植物混合生长；②种植的植物群落在当地粗放管理的情况下具有稳定性，不易发生退化，能够在自然条件下自行繁殖更新；③挑选种植的植物，各植物间互相不影响生长；④早期（施工后的1～2年）植被以草本、藤本植物为主，后期（3年以后）植被以小型灌木、小乔木为主；⑤植物配置组合除基本的生态修复功能外，最好有一定的观赏性。

(3) 植物种类选择

依据当地的气候和施工地点的实地环境，提出以下草本植物种子备选：碱茅、苇状羊茅、多变小冠花、野牛草、多年生黑麦草、紫花苜蓿、披碱草、马兰、扁穗冰草，还有其它植物可选用，但应以以上植物为首选。在丰富群落植物种类的同时，也增加边坡生态修复后的美观性。

袋式种植护坡技术便于操作，并且有较好的生态效益，近年来得到大力宣传和推广。种植袋内储藏种植基质，选择适宜植物，对大面积的边坡绿化工程有很强的适宜性；但袋身容易破裂，需要定期维护，以防袋内土体流失，从而影响景观效果（图3-8）。

图3-8 袋式种植示意图

4. 废旧轮胎骨架护坡技术

宁波至杭州高速南京段采用了废旧轮胎骨架护坡的形式，此段还增加了人字形混凝土骨架，主要的优势在于以下几个方面。

① 与传统植被防护相比，此技术对排水路径进行了升级优化。利用人字形骨架将地表漫流有节奏、有组织地疏散，减缓排水速度，降低坡体表面冲刷，增强此种技术在初期的防护效果。

② 相较于拱形技术护坡形式，废旧轮胎加人字形骨架可减少混凝土的使用（图 3-9），同时轮胎底部可储存雨水，在一定程度上缓解缺水的问题，适当种植当地本土植被解决了拱形骨架护坡长期被雨水冲刷的问题，固土效果良好。

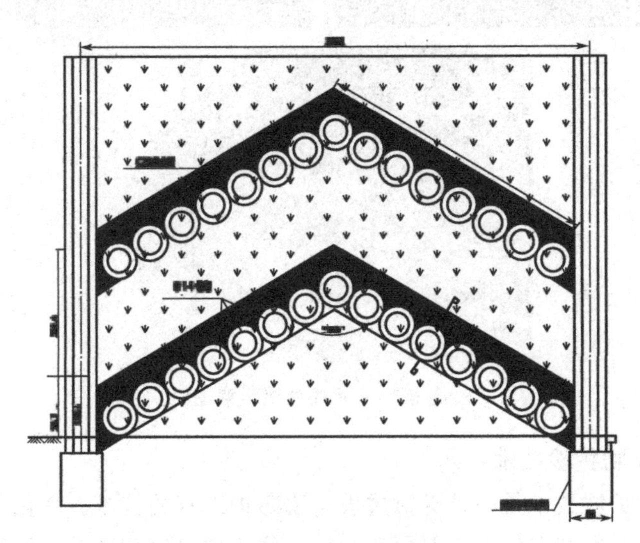

图 3-9　废旧轮胎骨架护坡布置

③ 由于坡体坡面方便排水，坡面初期外观形象大幅提升，该排列形式的坡面视觉效果更好。实施此技术大约两个月后，从实地考察坡面在雨季时的冲刷情况可以看出，2020 年夏季降雨量虽然比其它年份更多，但此技术的护坡效果良好，其抗冲刷效果明显要比拱形骨架护坡更强。废旧轮胎一般被称为“黑色污染”，其内部分子组成结构稳定，所以自然降解难度非常大。早前销毁的方式主要是直接焚烧，会对环境造成相当大的污染，处理其燃烧产生的气体成本高。此技术提出后，曾被质疑是否会造成土壤再污染。事实上，橡胶成分主要从植物提取，属于惰性物质，不会轻易被分解，也不会造成新污染。此护坡技术可使废旧轮胎得到合理的利用，可降低土地危害和污染程度。此外，该方案呈现样式效果美观，使得需要坡体护坡的公路路段与自然环境相互融合。

5. 面式种植护坡技术

面式种植护坡技术渐渐成为热门的种植技术，对于大面积的裸露岩石绿化和景观营造效果都很理想，与前几种对比来说资金投入和施工难度也不大，是值得大力推广的一种护坡种植技术（图 3-10）。

图 3-10　面式种植示意图

6. 土壤生物护坡技术

土壤生物护坡技术是一种针对边坡生物防护工程的技术。在国外这种土壤生物护坡技术已经发展多年，主要用于道路两边边坡治理和防护，河道、河渠两边坡岸治理和防护，海陆界面陆域边坡防护等各种类型边坡的生态工程治理。这类生物护坡技术一般使用大量可迅速萌生新根的当地木本植物，最常用的木本乔木和灌木如柳树、杨树、槐树、山茱萸等，以点、线、面针对整个边坡进行生态修复种植。用本土容易存活的植物体枝条，主要有三种类型：活枝扦插技术、柴笼技术以及灌丛垫技术。土壤生物护坡技术运用的初期不稳定，易遭到破坏；但随着植物的快速生长与繁殖，整个坡体将越来越趋于稳固，其护坡功能也逐渐多面化。

海陆界面海岸线长，各坡段类型也不尽相同。具体采用何种护坡技术，要按不同边坡类型分别用不同技术进行边坡防护。

二、植物施工技术

植被缓冲带（Buffer Zone），是指靠近受控制区域的边缘，或在具有不同控制目标的两个区域之间的过渡地区。海陆界面区域植被缓冲带可分为三个区域：

① 海陆界面水土保持区：位于海边，主要为本地沙生和盐生的、相对长期

稳定的植物群落，此区域的宽度范围大约在 10 米以上。

② 海陆界面综合区：此区可用作休闲娱乐和慢步道等，植被组成仍为本地海岸的本地乔木树种和灌木树种，但宽度一般在 3～100 米之间。

③ 海陆界面草本植物过渡区：位于植物缓冲带最外缘，为小型生物栖息地，以草本植物为主，该区域可减少进入海域的污染物。此区域施工时，应进行充分的现场调研，避免纯粹以美化、观赏为目的的造景形式，要多用本土植物，合理进行植物配置，多保留和利用原有植被体系。

三、水资源利用技术

我国北方地区雨季短、降雨量少，多数地区有不同程度的旱灾，因此最大化利用水资源是北方地区进行景观规划的重点之一。水资源利用技术一般包括两种主要技术：一个是水资源收集技术，另一个是水资源循环使用技术。根据不同需要灵活运用这两种技术。地球水资源的日益匮乏，迫使人们不得不节约用水，采取水资源技术把它运用到工程当中。天然降水（雨水）和处理净化污水是海陆界面地区水资源收集的主要途径。在海陆界面地区水资源的循环使用方面，应尽量充分利用有限的水资源，这方面日本做得相对较好，可以从多方面学习和考察并借鉴到海陆界面的规划设计中，如收集天然雨水对其进行净化处理，用于居民日常生活用水，将生活污水回收净化处理后得到的中水，输送到河道中用作城市景观水源及农业灌溉。雨水利用系统包括以下三方面。

① 收集：雨水收集的方式有很多种，如屋顶雨水收集、地面径流收集、绿地收集等。其收集容量会随着收集材质、日照、温湿度等条件，以及降雨时间的长短等因素而有所不同。

② 处理：雨水收集后的处理方法和装置主要取决于收集的方式、用途与处理水质的目的、收集范围以及雨水流量等。

③ 利用：经过收集处理的雨水可用于冲洗马桶，也可用作空调的冷却用水、消防紧急灭火用水、冲洗车辆用水、浇灌植被花卉用水、景观绿化用水、道路路面清洗用水等。

结合以上三点，及场地实际情况，形成完善的雨水收集、综合利用与排放系统，以小、微型的水利工程为主，并与景观设计和防洪设计结合，实现雨水资源利用的最优化和最大化，根据场地实际情况，结合国内外雨水综合利用的丰富经验，建立雨水调蓄池系统。

雨水调节和雨水储存是雨水调蓄的两个方面。一般意义上的雨水调节指的是削减洪峰流量。仅仅利用雨水管道本身的流通容量是有限的，如果结合场地天然洼地和池塘作为调蓄池，将雨水径流的高峰流量暂存在里面，待雨水流量慢慢下降后，再从调蓄池中将水有序地排出，则可减小下游雨水主管道的尺寸，提高场地防洪能力，会有效减少洪涝灾害。国家制定的《城市发展总体规划》中的基础设施专项规划有：海水经过净化、防腐、生化等处理后，可一起汇入中水管网，用作没有特殊要求的卫生间各种便器的冲洗用水。对于有一定条件基础的公司或者单位可以利用海水淡化处理工程，解决自身综合生活用水。结合能源中心的建设，采用能源中心的供热系统为海水加热，能源中心淡水水源来自海水淡化系统。据调查，冲刷厕所用水大约占一个城市生活用水的 30%。经过保守估算，一般城市人均冲厕用水量约每人每日 70 升，冲厕水量约每日 1.4～1.75 万吨。综上所述，使用雨水、海水利用技术，将会使更多低质水资源得到回收利用，可节约大量的地球上的淡水资源，缓解滨海地区淡水资源紧缺的问题，符合循环经济理念的再利用原则。滨海地区雨水利用系统流程如图 3-11、图 3-12。

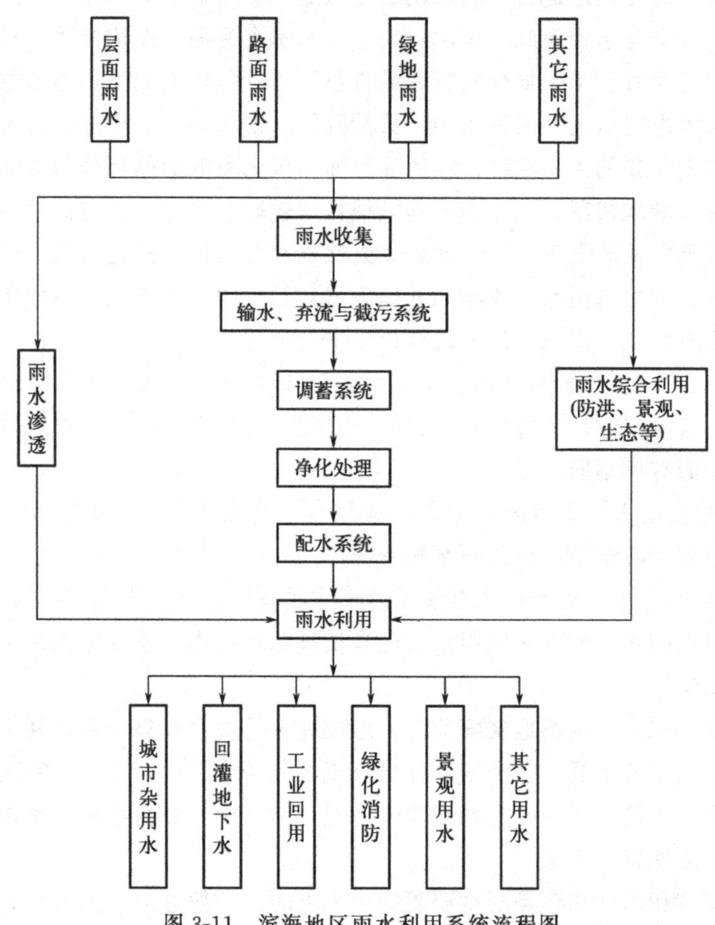

图 3-11　滨海地区雨水利用系统流程图

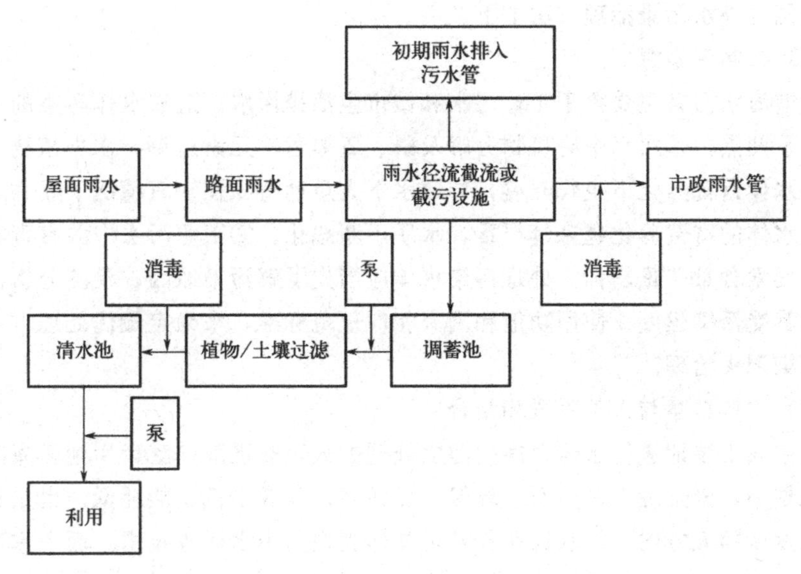

图 3-12　雨水利用系统流程图

四、环保材料使用与做法技术

天然石材、木材、场地原有的材料，以及有生命的材料都属于天然环保材料范畴。材料准备初期应尽量选用内部结构匀称、稳定性好的材料（例如生态植草砖），其多用干砌施工法进行场地局部施工，多用场地现有土壤以适宜内部草坪生长。

目前通往海陆界面的河流水道常被渠化改造，U 型护岸应用广泛，单一容器式结构不利于水生植物及岸边植被生长，更不利于附近水边动物栖息；混凝土材料的广泛滥用，也对城市环境破坏较大。应尽量选择天然环保材料和环保技术，控制开发海陆界面空间过程中对生态环境的干扰。

目前滨水工程建设中水工结构做法值得推荐，柔性水工结构是指对滨水区域原有的生态系统没有严重影响或破坏程度较小的生态水工结构，如葡萄牙波尔图市的滨水步道层使用的分离式柔性水工结构就很值得推荐，它的优点是可以与原滨水场地生态系统完全分离，能最大程度上保护生态环境而避免人工干扰、破坏。

五、污水处理技术

保证海陆界面地区的水质优良是海陆界面空间开发建设的前提与基础，本节整理的国内外水污染治理方法如下。

（1）控制污染源

目前海水污染主要源于工业污水和城市生活排污水。造成水体污染的主要原因有以下两点：①污水中有机物分解及磷、氮等营养元素过剩，水中植物、浮游生物在水体富营养化下生长旺盛，导致水下大量动植物在缺氧情况下死亡，进一步造成水体的富营养化越来越严重，水质不断恶化。②工业污水中的有毒物质和重金属元素含量严重超标。处理污染水体应当先了解污染原因，检测分析污染程度，视其受污染程度、使用功能和国家相应规范标准，来确定最优处理方案，力争从污染源头治理。

（2）水体自净与人工手段相结合

利用人工湿地进行水体自净的污水处理方式正被逐渐广泛运用到各海陆界面滨水规划中，该处理方式生态、环保、效益高，且成本低、能耗低，也是污水治理未来发展的大方向。污水回用技术可具体表现为中水回收技术。而中水所指的是在生产生活中未含有毒污染物及污染较轻的污废水，经过污水处理厂处理后即可再利用，我们可以通过案例了解具体操作过程。广州滨海海陆界面地区建有中水回用系统，为尽早实现污水回收利用及节约宝贵的水资源，采用中水回收系统，主要供水范围包括大型写字楼、居住区的卫生间、住宿、餐饮空间各种便器的冲洗用水、洗刷车辆用水、城市景观绿化灌溉用水、清洗道路路面用水。此项目中污水处理厂可通过工艺技术升级改造，部分出厂水能够达到中水回用的标准；居住区、公共建筑可以根据具体情况建立中水回用系统，形成独立的建筑中水系统；居住区或大学及中小学、政府机关院内建立区域中水系统。随着该项目污水处理厂处理工艺的不断完善，将一部分经过深度处理的出厂水回收用作景观绿化、浇洒用水，该项目可节约用水量约为每日 1.25 万吨。综上所述，使用中水回收技术，将会使更多污水资源得到循环利用，实现水资源利用循环化，符合循环经济理念的再循环原则（图 3-13）。

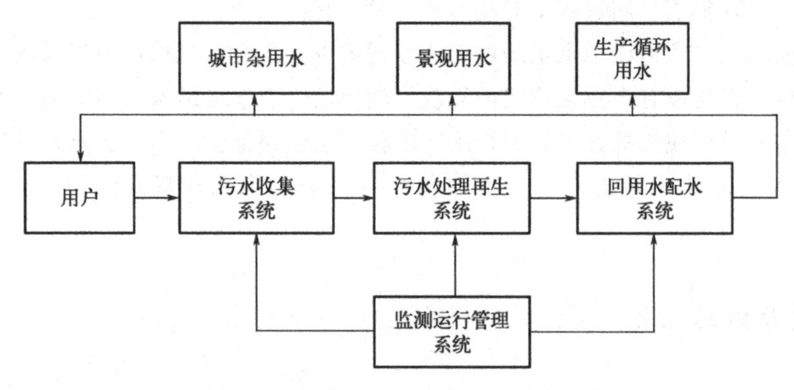

图 3-13　滨海地区污水处理系统流程图

六、材料循环利用技术

材料循环利用技术中的分类垃圾箱（图 3-14）让居民和游人通过不同分类的垃圾箱回收适宜循环使用的废物。我国对分类垃圾箱制定了统一标志，把生活垃圾划分为有害垃圾、可回收物和其它垃圾三类。有害垃圾表示含有害物质并且需要进行特殊安全处置的垃圾，包括日用化学品、电池、灯管等，用红色标志垃圾容器收集；可回收物是指适宜资源利用和回收的垃圾，包括玻璃、纸类、织物、塑料和瓶罐等，用有蓝色标志的垃圾容器收集；用有灰色标志的垃圾容器收集其它垃圾。在海陆界面设施的规划中，也可以参考国外一些分类更详细的分类垃圾箱。

图 3-14　分类垃圾箱

七、新能源利用技术

现今我国正在逐步开发新能源利用技术，而其中的太阳能发电技术是本书提及较多的一种新能源技术（图 3-15）。国外利用太阳能技术相对广泛，目前实用的技术转换主要有以下两种：一是光—热—电转换技术，二是光—电转换技术。海陆界面区域中目前最常用到的太阳能设施有：太阳能路灯、太阳能建筑、太阳能杀虫灯、太阳能灯具等。

本章主要阐述了海陆界面总体规划方法，即海陆界面可持续节点规划、结构与功能规划、视觉规划、游览道路交通规划、植物景观规划、设施规划及夜景规

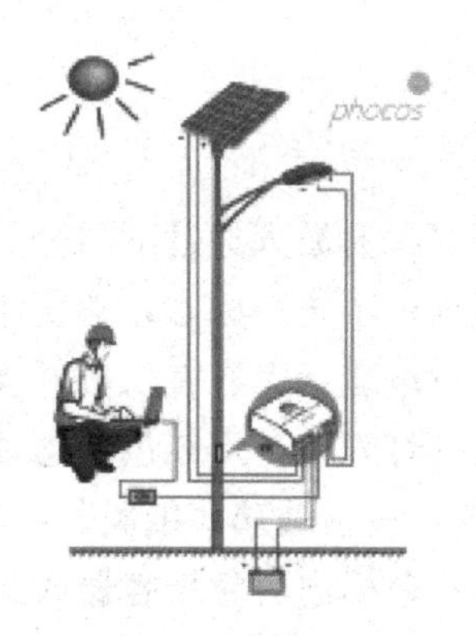

图 3-15 太阳能发电技术利用图

划。局部规划方法，即整个海陆界面的结构及整个城市的规划与海陆界面的关系。

节点规划完成之后，确定每一个节点的设计主题、空间、材料等各个方面，并结合可持续理念提出七种详细的技术方法，优化海陆界面景观整体格局，促进海陆界面地区的环境整体可持续发展。

第四章

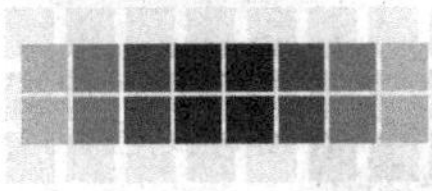

大连滨海路海陆界面可持续景观规划实例研究

第一节 大连滨海路海陆界面现状

一、大连滨海路海陆界面地理区位和历史发展

大连滨海路景区位于大连市的东南部，西北两面紧邻市区，东南两面面朝大海。大连市地处欧亚大陆东岸中国辽东半岛最南端，与黄海、渤海相邻，南与烟台、威海等市隔海相望，北依东北内陆城市。大连市属于海洋性季风气候，夏无酷暑，冬无严寒，气温宜人。土壤类型主要以棕壤为主，主要分布在山地丘陵的中上部，土层浅薄肥力较低。丘陵多分布潮棕壤亚类，土壤肥力相对较高，草甸土分布于河流下游两岸，滨海盐碱土、湿地土和沙土则分布于沿海海陆界面地带。

大连是环渤海地区的中心区域，是京津的门户，也是内蒙古连接华北地区及华东地区以及世界各地的关口。此外，大连与多个国家水路相通，如日本、韩国等。凭借着有利的地理条件优势，大连对外经济合作交流频繁，第五届亚欧经济部长会议、世界贸易组织非正式小型部长会议和夏季达沃斯论坛等一系列重大国际性会议在大连举办，大大提升了大连的国际声望。此外，大连拥有众多的节日庆典，如自 1987 年开始举办的大连国际马拉松赛、大连国际服装节、大连赏槐会、中国国际啤酒节、大连国际沙滩文化节等，营造了良好的文化氛围。大连景观绿化指标一直居全国领先水平，先后获得国家卫生城市、国家园林城市、国家旅游城市等称号，并被评为首批全国文明城市。2001 年成为我国当时唯一获得联合国环境规划署颁发的“全球 500 佳”环境奖的城市 。

大连是环境优美的滨海之城，而大连滨海路海陆界面又是国内著名旅游观光旅游地之一（图 4-1），既是大连人的骄傲，也是一张对外宣传名片的美丽缩影。

图 4-1　大连滨海路

大连滨海路是目前中国海滨大道中保护最好、环境最优美的滨海道路之一，海陆界面全长大约 32 公里，分布有 12 个主要景观节点，沿途主要景区依次包括海之韵公园、棒槌岛景区、石槽景区、渔人码头、虎滩乐园、北大桥、燕窝岭婚庆公园、秀月峰、傅家庄公园、大连森林动物园、牦牛广场、星海广场等著名景点。

大连滨海路在解放前只是一条从星海会展中心到傅家庄海边的土路。解放后，人们用碎石和土渣将其铺成了一条公路。在 1978 到 1983 年这段时间，这条路上人迹罕至，十分荒凉，到处都有大自然侵蚀的痕迹，有时甚至还有狐狸和狼的踪迹，在涨潮时，会被海水淹没。

1978 年，因为大连拥有丰富的海洋资源，以及当时国家向全国推广加快历史文化古迹和旅游景点的建设这一项改革举措，大连市领导便提出要利用好大连独特的海域资源，保护好大连的生态资源，将大连向旅游城市转变。由此大连市的有关部门展开了一系列行动，其中一项重要举措是将傅家庄风景区定为大连南部海滨风景区，并上报国务院，成为国家重点风景名胜区。

1983 年，棒棰岛至寺儿沟东段贯通，而滨海路的中段与西段也在 1987 年完成了贯通工程，途经北大桥、民航疗养院、傅家庄、半拉山、鹰嘴石等。至此，滨海路工程竣工开始通车。之后政府又开始进行对滨海路的绿化升级改造，计划新建怡海园、十八盘等游园景点。在改造过程中填平蒙古包东西两侧的两条大沟，由此增加了绿化面积。并且在道路两旁播撒金鸡菊、波斯菊、黑心菊等观赏花卉种子。经过政府对滨海路绿化的升级改造，使得整个项目变得更加丰富，功能性也更加完善，赋予了滨海路交通、游览、服务、健身等功能。在保证功能的同时，这次改造还加强了滨海路的美观性，将各个人造景观融于自然风景之中，把大连独有的海洋资源发挥出来，让游客能更好地感受大连的魅力。而滨海路至此也被称为“中国城市滨海观光第一路”。

随着大连经济的飞速发展，大连成为国内外知名的旅游城市，来自世界各地的游客慕名而来。人流量日益增加，原先的滨海路木栈道已经无法满足人们日益增长的需求，同时老化的服务设施以及陈旧落后的建筑，已经无法跟上国内外其它沿海发达城市的脚步，因此滨海路木栈道建设计划就在这样的环境下诞生。在大连市风景园林处主持下，从金银山至海之韵公园十八盘的木栈道开始修建，大连市风景园林处采用了材质硬、强度大、无虫蛀、耐磨、耐腐蚀以及天然粉红色的南美巨桉木作为木栈道的主体材料，在保证木栈道的实用性以及使用寿命情况下，使其更加美观，更能吸引游客来此游玩、锻炼。而木栈道的修建也为解决滨海路的交通问题做出了贡献，以人车分流等方式解决了事故频发的混乱局面。滨海路也成为国内最长的木栈道，也因此被载入吉尼斯世界纪录。

二、大连滨海路海陆界面范围界定

海陆界面划分目前无普遍适用标准，更不能用一个标准来概括海陆界面的所有内容。其界定原则应该是界线清楚，易于理解；明晰当前社会、政治区划；涵盖有经济和环境意义的区域。本书对大连滨海路海陆界面的范围界定为大连城市建成区范围内的滨海海陆界面段，其纵向范围根据其具体项目要求来确定。对大连滨海路海陆界面的调查研究采用分段方式，对每一段滨海路海陆界面景观构成进行具体考察，分析出不同路段的风格特点，然后对整个滨海路景观的功能、观景方式以及对观者的影响进行整体分析，最后总结滨海路海陆界面景观目前所存在的问题。

三、大连滨海路海陆界面现状景点布局

大连滨海路海陆界面依山傍海，有礁石、岩岸、树木，形成了独特的大连海陆界面风景区。近海有很多岛屿散落在大海中，湾内风浪较小，有多处沙滩和礁石，构成大连滨海路海陆界面的特色景观。

1. 大连滨海路海陆界面北段

（1）大连滨海路海陆界面北段景观构成

从棒棰岛起至东港商务区止，整体地形最为陡峭，也因此开发最晚。沿途景区有怪坡、日式园林等，此段景区原来也称为东海公园，也就是现在的海之韵公园。东港是综合商务区，区内以高档酒店、居住区、商场、剧院为主。

（2）大连滨海路海陆界面北段自然景观构成

滨海路北段开山筑路，地形陡峭，道路穿于山间，最北侧是东港商务区。此处为滨海路山景最好的一段，道路弯曲度较大且绿化覆盖率高是滨海路海陆界面

的自然景观特点。

(3) 大连滨海路海陆界面北段人文景观构成

滨海路北段全段能看到海景的地方较少，景观以道路景观和山体景观为主。位于十八盘，沿路边山体设计的大型海洋生物群雕是此路段展示重点（表 4-1）。

表 4-1　大连滨海路海陆界面北段人文景观构成

编号	名称	主要功能	主题特色
1	十八盘	山、海观景	大型海洋生物群雕
2	海之韵区域	居住	高档居住区

2. 大连滨海路海陆界面东段

(1) 大连滨海路海陆界面东段景观构成

滨海路东段起于棒棰岛景区，至老虎滩海洋公园止，为全程滨海路最长段，沿途分布有棒棰岛景区、石槽景区、虎滩乐园。

(2) 大连滨海路海陆界面东段自然景观构成

棒棰岛景区北面有群山，南面分布开阔海域和平坦沙滩。石槽景区内海陆界面形态多变，呈多湾形海陆界面，海岸线曲折，海湾较多，分布有岛屿、礁石、岬角等特色景观，景色尤为壮观。滨海路东段的自然景观以石槽景区内变化丰富的礁石和以棒棰岛景区海滩及岛屿为主要观赏点（表 4-2）。

表 4-2　大连滨海路海陆界面东段自然景观构成

编号	名称	数量	地理位置	景观特色
1	沙滩海陆界面景观	3	石槽、棒棰岛两处海陆界面景区	滨海高档娱乐、休闲疗养区
2	海岸线形态海陆界面景观	3	石槽海陆界面区	海岸线形式丰富、多湾形海岸为主
3	岛屿海陆界面景观	3	棒棰岛海陆界面景区	休闲疗养、会议召开地
4	礁石海陆界面景观	多处	石槽海陆界面周边	山体形貌奇特别致
5	岬角海陆界面景观	多处	石槽海陆界面北部、棒棰岛海陆界面景区南部	凹形海陆界面特色效果
6	山体海陆界面景观	1	秀月山海陆界面景区	山体景观

(3) 大连滨海路海陆界面东段人文景观构成

此段因海岸线奇特，坊间流传有“虎崖礁、美人礁”等传说。棒棰岛是著名风景区，景区面积 87 公顷，三面环山，一面濒海，气候温和，冬无严寒，夏无酷暑；内部可接待国内外重要来宾。景区结合自然礁石、海岛、沙滩，规划有开阔山坡草地（表 4-3）。

表 4-3 大连滨海路海陆界面东段人文景观构成

编号	名称	主要功能	主题特色
1	石槽景区	娱乐、休闲放松	高端居住区、海域辽阔、视野开阔
2	棒棰岛景区	会议、休闲放松、亲近大海	多功能休闲放松、旅游度假

3. 大连滨海路海陆界面南段

(1) 大连滨海路海陆界面南段景观构成

从傅家庄公园至老虎滩海洋公园，这一地段景区众多并且是滨海路景观丰富程度最高的一段，重要节点有大小傅家庄公园、燕窝岭婚庆公园、老虎滩广场等。

(2) 大连滨海路海陆界面南段自然景观构成

滨海路南段分布有小型自然沙滩景观，由于位置偏僻，很少有游人到此游览，而且没有安全配套设施，存在一定的危险。大连滨海路海陆界面南段自然景观构成，见表 4-4。

① 海陆界面形态：形态样式丰富，包括平直海陆界面、凹形海陆界面和凸形海陆界面。

② 礁石景观：在小傅家庄岸边和燕窝岭凸形海陆界面的岬角处分布有爱情礁、将军石、沉船礁三处较大的礁石景观。

③ 山体景观：滨海路海陆界面南段地貌形态多样，景观丰富多变，岸壁直插海底，景观十分奇特，形成礁岛多变的自然礁岛景观。

表 4-4 大连滨海路海陆界面南段自然景观构成

编号	名称	数量	地理位置	景观效果
1	沙滩海陆界面景观	4	小型滨海优质沙滩	游客稀少、景观效果奇特
2	岸线形态海陆界面景观	3	燕窝岭区域	景观丰富多样
3	岛屿海陆界面景观	2	傅家庄对面海上岛屿	构成近海对景
4	礁石海陆界面景观	4	将军石、爱情礁	景观效果奇特
5	岬角海陆界面景观	5	燕窝岭区域	山体与海景交相辉映
6	山体海陆界面景观	1	秀月山区域	山体景色丰富

(3) 大连滨海路海陆界面南段人文景观构成

① 小傅家庄公园：因海陆界面潮间带很长，坡度缓，海水深度浅，故结合地势设计有天然浴场。

② 北大桥：位于老虎滩景区与燕窝岭景区之间，为三跨简支加劲桁架悬索桥，全长 230 米，贯穿整个景区的东西，是连接两个景区的重要节点。

③ 燕窝岭婚庆公园：该园是拍结婚照的外景场所之一，每逢节假日会有大量新婚情侣到此摄影留念。婚庆公园内的雕塑风格多样，形式不统一，有待于重

新进行设计。

④ 鸟语林：位于大连老虎滩广场对面，里面有千余种珍奇鸟类。

⑤ 虎雕广场：虎雕广场位于渔人码头与北大桥景点之间，两面环山一面靠海，广场中央有几只呼之欲出的石雕老虎雕塑，与场地内植物共同造景，错落有致成为该处的视觉焦点。

大连滨海路海陆界面南段人文景观构成，见表 4-5。

表 4-5 大连滨海路海陆界面南段人文景观构成

编号	名称	主要功能	主题特色
1	小傅家庄公园	婚纱摄影基地、浴场、垂钓	潮间带长、海水较浅
2	北大桥	景观桥	跨谷大桥
3	燕窝岭婚庆公园	婚庆纪念、休闲观景	亲近海水、婚庆为主题、游览
4	鸟语林	休闲放松、参观、增长知识	亲近鸟类动物
5	虎雕广场	休闲放松	海滨广场、主题雕塑

4. 大连滨海路海陆界面西段

(1) 大连滨海路海陆界面西段景观构成

大连滨海路海陆界面西段是从星海广场起，至傅家庄公园止，沿途有星海广场、南大亭、白云山、金沙滩、银沙滩、傅家庄公园等景点，此段为滨海路全程中最短段。银沙滩到傅家庄公园一带建有疗养院、宾馆、度假村及别墅区，是重要旅游、度假、疗养的场所。

(2) 大连滨海路海陆界面西段自然景观构成

① 海滩自然景观：大连滨海路海陆界面西段沿线共有银沙滩、金沙滩和傅家庄公园海滩三处。而其中金沙滩和傅家庄海滩的沙质比较细腻，适宜漫步。

② 海陆界面自然形态：凸型海陆界面和平直海陆界面是大连滨海路西段主要的海陆界面类型。

③ 岛屿自然景观：傅家庄海滩对面的海域上有三处岛屿，形成滨海浴场海面自然远景。

④ 山体自然景观：大连滨海西路至大连森林动物园段可以看到滨海路最高峰，此处海拔高度约 259.6 米，在峰顶可鸟瞰小平岛、黑石礁、星海公园、傅家庄等多个风景区。滨海路海陆界面西段自然景观大都集中在傅家庄周围，形成整段道路的自然景观高潮。大连滨海路海陆界面西段自然景观构成，见表 4-6。

(3) 大连滨海路海陆界面西段人文景观构成

大连滨海路海陆界面西段主要的滨海活动开放空间有星海广场、金沙滩海水浴场、银沙滩海水浴场、大连森林动物园、傅家庄滨海公园、白云山景区。

表 4-6　大连滨海路海陆界面西段自然景观构成

编号	名称	数量	地理位置	景观效果
1	沙滩海陆界面景观	4	傅家庄公园、小傅家庄海域、金沙滩、银沙滩	沙滩质量优良
2	岸线海陆界面景观	3	星海广场沿岸	开发形式多样化
3	岛屿海陆界面景观	5	傅家庄公园、小傅家庄海滨浴场对面的海域上	构成近海上的景观
4	山体海陆界面景观	4	白云山景区、沿海山崖	山崖、海景景观交相辉映

① 星海广场：占地面积 110 万平方米的星海广场是亚洲最大的海陆界面广场，内部建有百年城雕中心广场、书形广场等，广场外圈分布大量运动小品，广场主轴建有音乐喷泉，大尺度模纹植物等。广场周围有高端居住区、会展中心、一方城堡酒店、大连世界博览广场及其它商业建筑。

② 城市公园：大连滨海路海陆界面西段有两座城市公园，位于东端的傅家庄公园和大连森林动物园。傅家庄公园内的海滨浴场为大连市四大优良海水浴场之一，因其临海深度舒缓、沙滩沙质细腻、风景优美，每年夏季人流量较大。大连森林动物园里有大量的国家珍稀保护动物，里面还建有热带植物园，内部种植大量南方热带植物，受到国内外游客一致好评。

③ 大型的海滨浴场：金沙滩和银沙滩海水浴场以沙质细软，环境优美而著称。因地理环境优越，是垂钓、游泳和赶海的首选场所。为缓解交通压力，修建了从金沙滩到小平岛段的跨海大桥，金沙滩的海滨浴场被取消。傅家庄公园依然免费开放，故游客量也最多。

④ 大型的自然山体景区：滨海路西段有白云山景区，该景区面积约 750 万平方米，是整个滨海路景区面积最大的一处，景区距市中心最近处仅 2 公里。有很多景点：如大连森林动物园、松山佛院、云游山海、世界园林、西山揽胜等景点（表 4-7）。

表 4-7　大连滨海路海陆界面西段人文景观构成

编号	名称	主要功能性质	主题特色
1	星海广场	展览、纪念、活动、休闲	大型标志性城市广场
2	金沙滩区域	海上交通入口	细质沙滩
3	银沙滩区域	休闲放松、亲海场所	软质石粒沙滩
4	大连森林动物园	休闲放松	走近野生动物
5	傅家庄滨海公园	休闲放松	开放的滨海主体特色公园
6	白云山景区	观海景、休闲放松	自然的山和水、优美的环境、城市全景风貌

5. 大连滨海路各景观段的问题

（1）海景视线不通透，影响景观观看效果

大连滨海路以自然秀美的海洋风光为主要观看点，如果海景视线受阻挡，就不能充分发挥大连滨海路的最大景观优势，浪费了景观资源。调查研究发现，因为滨海路开发建设的历史比较悠久，因早期绿化时没有充分考虑到植物生长期的各种问题，现有人工植被太过于繁盛，部分地段遮挡了游人观看大海的视线，在大连滨海路海陆界面的大部分路段都在一定程度上存在观海视线不是十分通畅的一系列问题。自然景观与人文景观交接的地方缺乏自然过渡，致使道路的整体性、通达性、连续性不足，造成视线不畅。

（2）公共服务设施不完善，缺乏舒适性

海陆界面上的景观设施是否齐全，是否能够给人们提供便利和良好的服务是检验滨海路社会综合服务能力的标准。“上厕所难”的问题如不能很好地解决，不仅会影响景观总体质量，还会降低大连滨海路给人们的印象。滨海路上观景台的数量虽然相对充足，能够满足基本的观景需求，但设计过于简单，停车、遮阴效果不是十分理想，需要进行全面改进。滨海路的道路铺装形式也需要丰富，单一的铺装样式与丰富的景观类型不是很协调。

（3）文化历史底蕴不足，景观缺乏人文涵养

大连是个多文化融合的城市，有丰富的历史人文资源，但在滨海路景观设计上没有得到运用。滨海路上人工修筑的构筑物、雕塑等很多表现海洋文化，类似这种的海洋元素符号在滨海路上很普遍。而体现大连人文涵养的故事传说、历史典故却很少表现，显得这座城市的文化底蕴不深厚。

四、大连滨海路海陆界面视觉现状分析

城市天际线，是一座城市视觉形象的重要组成部分。从城市外围看，城市要与自然环境和谐统一，即从远处看到城市的整体形状。大连滨海路海陆界面天际线视觉现状分析，就是要利用自然的条件，通过对水面、建筑、植被景观、人文景观进行科学组织、安排和处理，打造美丽而独特的城市海陆界面天际线。滨海路海陆界面主要的自然特色是秀美的海洋风光，如果海景视线受阻，就不能充分发挥大连滨海路的景观特色，造成景观资源浪费。

五、大连滨海路海陆界面植物现状分析

1. 大连市滨海路海陆界面广场的植物现状

通过对大连滨海路海陆界面的实地考察和调研发现，海陆界面广场绿地植物

配置形式相对比较简单，其中有以下几种配置模式：“草坪＋模纹植物”为主，如“草坪＋（大叶黄杨、紫叶小檗、金叶女贞）”；局部种植观赏类乔木、灌木群植，群植植物以花期长、干型美观的植物为主，如“国槐（五角枫）＋（白、紫玉兰、紫叶李、紫薇、日本樱花）＋连翘（榆叶梅）＋丝兰（鸢尾）＋草坪”“龙柏（蜀桧）＋草坪”。以上几种模式的平面构成凸显图案的大气美观及造型规整，强调曲线艺术构图并给游人以强烈的视觉冲击。

但该造景手法也有缺陷，如临海一侧紫外线照射强烈，尤其夏季更是炎热难耐，游人在游览的过程中，没有合适的空间进行遮阳避晒，没有合理考虑人性化设计。场地空间内草坪和剪型植物对养护水平及管理都有较高要求，应经常对植物进行维护和修剪，尤其对草坪的管理要求更甚。

2. 大连市滨海路海陆界面带状道路绿地的植物景观现状

大连滨海路海陆界面带状绿地植物景观的配置模式为“乔木＋灌木＋草坪”的多层结构配置。因观赏角度不同，结合植物体量和色彩改变以及空间收放和开合，形成凸显主景的效果。

3. 大连市滨海路海陆界面公园的植物景观现状

海陆界面公园内植物配置形式主要为“剪型植物＋草坪”的形式，如“（大小叶黄杨、紫叶小檗、金叶女贞）＋草坪”，且多数为几种模纹植物和树球搭配形式。不同节点的表现方式各异，但景观序列统一于整体变化形式，平面构成具有自然流动曲线的纹样，因地形边界不断变化，体现配置模式的多种变化。

另外，景观现状绿地背景处栽植少量常绿乔木以及冠形较为美观的开花小乔木和灌木，形成“常绿乔木（少量开花乔木和灌木）—自然曲线式模纹植物—草坪”，着重体现场地边缘的围合。

六、大连滨海路海陆界面生物多样性分析

1. 大连滨海路海陆界面植物的种类与分布密度

（1）植物种类的分析

① 自然植物群落中有乔木、灌木、草本植物、盐生植物、沙生植物。

乔木：赤松、栎林、黑松，栎林主要包括麻栎林、杨树林、栓皮栎林、辽东栎林、槲树林、蒙古栎林、槲栎林、刺槐林等。

灌木：以胡枝子、叶底珠为主，还伴生崖椒、南蛇藤、花木蓝、榛子、多花胡枝子等。

草本植物：矮丛薹草、宽叶薹草、霞草、水杨梅、白羊草、多叶隐子草、大油芒、地榆、蓝萼香茶菜、野古草、黄背草，伴生有小红菊、黄芩、结缕草、石生蓼、柴胡等。

盐生植物：大连滨海路海陆界面岸线长，海滩多，盐渍化土分布广。由于含盐高，植物处于生理干旱，多种植物无法生存，只有耐盐性强，渗透压高，有泌盐生理功能的植物方能生存。

沙生植物：在大连滨海路海陆界面沙滩上分布的植物有砂钻薹草、拟漆姑、霞草、沙苦荬菜、猪毛菜、无翅猪毛菜、钢草、褐鞘蓼、节节草、肾叶打碗花、砂引草、葎草、北方独行菜、抱茎独行菜、独行菜、皱叶酸模、海滨山黧豆、海滨米口袋、刺沙蓬、毛艮、珊瑚菜、长穗飘拂草、臭草、白茅、大穗结缕草、蟋蟀草、狗尾草、雀麦、羊草、獐毛、艾蒿、泥胡菜、青蒿、蒙古鸦葱、车前草、单叶蔓荆等。伴有灌木、兴安胡枝子、麻黄、马蔺等，覆盖度达20%左右。半固定沙丘上有草本植物也有灌木如蒿柳、黄柳、小叶锦鸡儿等，植物覆盖度达30%左右。固定沙丘上有乔木树种出现，伴有灌木和草本植物，有小青杨、紫穗槐、洋槐、兴安胡枝子等。

②人工植物群落中有乔木、灌木、草本植物、藤本植物。

乔木：观花的乔木有毛泡桐、刺槐、国槐、碧桃、二乔木兰、玉兰、白玉兰、山杏、京桃、石榴、樱花、合欢、紫薇、木槿等。观叶的乔木有五角枫、旱柳、火炬树、栾树、银杏等。观干的乔木有梧桐、悬铃木、刺槐、臭椿、龙爪槐、银白杨、山皂荚、银中杨等。

灌木：观花的灌木有玫瑰、绣线菊、榆叶梅、紫荆等。观叶的灌木有沙地柏、凤尾兰、水蜡树等。观干的灌木有红瑞木等。

草本植物：一串红、矮牵牛、金鸡菊、万寿菊、天人菊、黑心菊、鸡冠花、波斯菊、蓍草等。

藤本植物：五叶地锦和爬山虎。

(2) 植物的分布密度

大连虽属我国东北区域，但植被分布情况与北京地区科、属、种的相同系数分别为84.12%、67.81%、40%，可划分为华北植物区系。大连海陆界面景区内山体主要植被类型有黑松、赤松、栎林等针阔混交林。林下灌木以胡枝子、叶底珠为主。此外，还有刺槐林、杨树林和其它人工矮林；灌木层主要有南蛇藤、胡枝子、照白杜鹃、崖椒、酸枣、榛子等；草本植物层主要有蓝萼香茶菜、野古草、宽叶薹草、矮丛薹草、柴胡、霞草，还伴生有结缕草、黄芩、石生蓼等。海陆界面盐生植物分布规律取决于盐分浓度、水分和有机质的多少。大连滨海路海陆界面近海区域土壤含盐量高，只分布有盐角草及盐生植物碱蓬，二者均为改良盐土的优良植物，所以本书在植物规划方面，会运用此类植物。距离海陆界面越远土壤含盐量逐渐降低，矶松和柽柳星散分布。柽柳是耐旱、耐贫瘠、耐盐碱的喜光树种，用它改造盐碱地和防风固堤是很好的选择。有些海陆界面阶地多被沙生植物占据，离海远的绿地多被中生树种占据，总体来看大连滨海路海陆界面自然植物群落资源比较丰富。

（3）各区段植物景观分布分析

① 星海广场植物景观分布分析。星海广场地处大连南部滨海海陆界面风景区星海湾，西侧是滨海西路起点，占地100万平方米，背倚都市，面临海洋，是纪念香港回归的主要建设工程，也是滨海城市大连的著名地标。截至2019年4月，星海广场总占地面积为176万平方米，是亚洲最大的城市广场。星海广场的设计充分融合了多种文化元素，整体形成一个中心、多点辐射的设计风格，规划形式为欧式风格的几何线条，图案规整，特点突出，并将中国传统的符号元素融入其中（图4-2）。中央星形广场是一个大型的音乐喷泉，星海喷泉占地大约2万平方米，是目前东北最大的音乐喷泉，喷泉与周围灯火灿烂的建筑交相呼应。音乐喷泉与普通的喷泉不一样，除了正常灯光配合外，还自带焰火效果，俗话说“水火不容”，但是两者的完美结合，为大连这座美丽的滨海城市增添了新的观景打卡地。

图4-2　星海广场景观节点1

在广场内部，场地和道路围合的平面空间内，草坪植物为底，具有传统纹样的艺术图案主要由锦熟黄杨和大叶黄杨构成，整体布局为海浪流动的形式，体现与自然的和谐，又有异曲同工之妙，游人在其中游览美景的同时，也能感受到临海广场的磅礴与大气（图4-3）。在中心道路两侧，用枝干、树形较好的榉树作为行道树，打破平坦的布局又不显突兀。同时在向四周辐射的绿地内边缘空间，分别列植樱花作为春季景观，增强美观性。此外，在临近建筑一侧，以紫叶李、紫薇、国槐、玉兰、蜀桧、榆叶梅球、紫叶小檗球、金叶女贞球、凤尾

图4-3　星海广场景观节点2

兰等植物形成的群植塑造独特的植物立面形式空间。高大的龙柏在椭圆形场地的最外侧形成围合空间，与场地中布置的艺术雕塑形成景观观赏面的最外侧视觉焦点（表 4-8）。

表 4-8 群落植物种类及其特征

编号	植物名称	科	属	数量	生活型	类型	胸径/cm	冠幅/m	高度/m
1	蜀桧	松科	圆柏属	10	乔木	常绿	5	2	4.5
2	锦熟黄杨	黄杨科	黄杨属	6	灌木	常绿	/	1.5	1.2～1.5
3	大叶黄杨	卫矛科	卫矛属	2	灌木	常绿	/	1.5	1.2～1.8
4	紫叶小檗	小檗科	小檗属	2	灌木	落叶	/	1.5	0.8～1.2
5	金球桧	柏科	圆柏属	2	灌木	常绿	/	1.5	0.8～1.2
6	五叶地锦	葡萄科	爬山虎属	/	藤本	落叶	/	/	1.5～2
7	三七景天	景天科	景天属	/	草本	多年生	/	/	0.6
8	矮牵牛	茄科	碧冬茄属	/	草本	一年生	/	/	0.3

② 滨海中路休闲广场植物景观分析。该休闲广场地处滨海中路老虎滩海洋公园附近，与星海广场相同，坐朝大海。广场边界的设计为自然曲线，体现水体自然流动的形式，内部的植物景观以剪型植物为主要元素，整体构图的设计理念简约大方，种植池内满铺草坪，景观入口处，用海马形状的雕塑作为硬质视觉焦点（图 4-4）。在雕塑前面，灰色调的小品基座与矮牵牛、三七景天形成色彩对比，形成蓝、灰、粉、黄的色彩变化。靠近道路一侧，五叶地锦修剪而成的球体被设计为视觉焦点，在秋季时球体整体变为红色，鲜艳的暖色系色彩突出于整体的植物景观。同时因五叶地锦的攀缘性，在种植池内的景观效果呈现球形过渡到平铺于草坪的渐变效果。整体而言，休闲广场内植物景观风格简约，但是没有布置能遮阴的大乔木，而且明显缺乏座椅等休息设施，对于来滨海路的游人来说这种设计缺少人性化（图 4-5）。

滨海路海陆界面广场绿地植物配置形式可以归纳为以下几种：主体为草坪搭配模纹剪型植物，如锦熟黄杨（大叶黄杨、紫叶小檗、金球桧、金叶女贞）；局部点缀观赏乔灌木群植，特点是干型美观，开花期长，例如国槐（玉兰、紫叶李、紫薇、樱花）、榆叶梅（金钟连翘）、凤尾兰等这样大尺度的广场植物造景形式较为简单，但是其平面构成能够很好地突出图案美以及规整元素，同时强调曲线的艺术构图和欣赏性，带给游人强烈的视觉冲击力。

但这种造景手法除了以上的优点，也具有一定的弊端。滨海公园的临海一侧空旷，没有遮挡物，因此常年有强烈的紫外线照射，尤其夏季更是炎热难耐。这种简单大气的配置形式，由于没有提供合适的遮阳地带，会让公众在游览滨海路的过程中受到环境的不良影响，缺乏人性化。长期的太阳光直射，会对场地空间

图 4-4　休闲广场节点

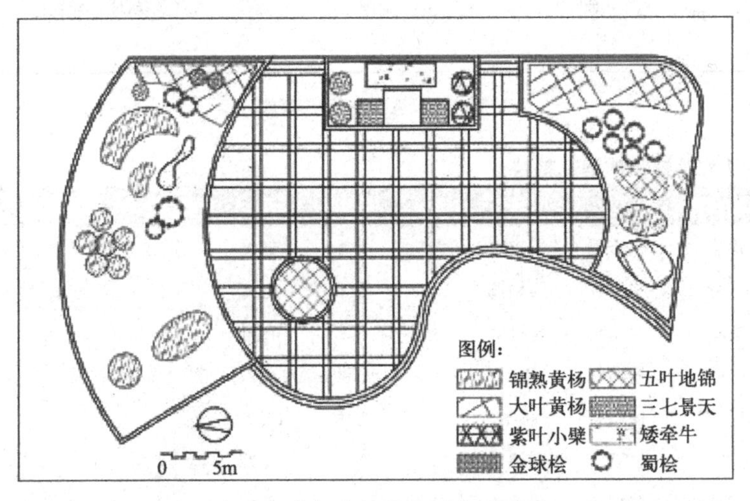

图 4-5　休闲广场植物群落平面图

内草坪和剪型植物造成一定的损伤，需要经常对绿地内的植物进行修剪和较高水平的养护，从而提高了维护成本。特别是草坪，作为植物景观主要的组成部分，相对其它装饰类植物要求更高。在没有其它植物遮盖的情况下，草坪作为背景的主空间内若有部分地块出现斑痕，会明显影响到视觉欣赏效果，带来不佳的观景体验。

③ 滨海路绿地的植物景观实例分析。景区内分布面积最广的道路绿地形式是带状形式，从总体来看，这种绿地形式最大的特点就是色彩变化突出。特别是在2009年补植树种后，彩叶树种分布于整个滨海路景区内，视觉效果更为明显。下面选取滨海路带状形式的绿地景观进行分析。

滨海中路带状绿地植物景观 A1

A1群落平面图、A1群落植物种类及其特征、A1群落节点，分别见图4-6、表4-9、图4-7。

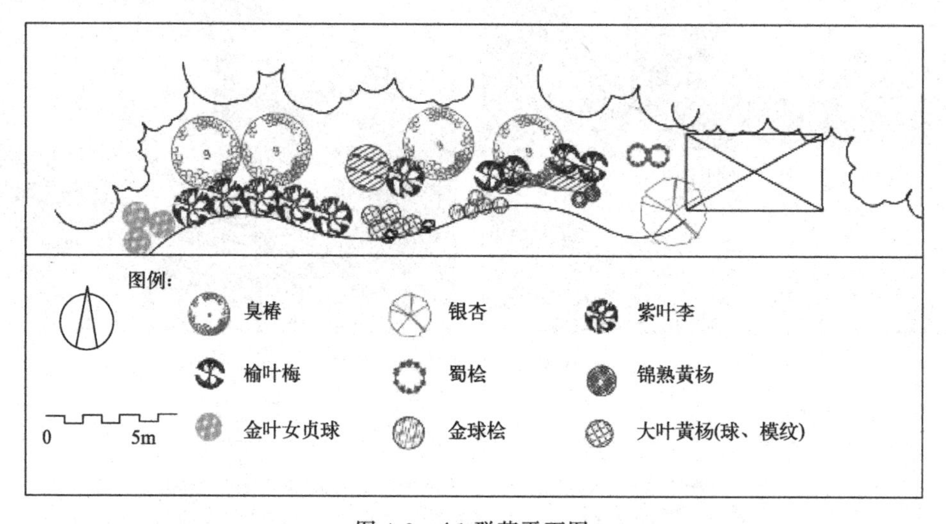

图4-6 A1群落平面图

表4-9 A1群落植物种类及其特征

编号	植物名称	科	属	数量	生活型	类型	胸径/cm	冠幅/m	高度/m
1	银杏	银杏科	银杏属	1	乔木	落叶	10.2	4	5.6
2	蜀桧	松科	圆柏属	2	乔木	常绿	5	2	4.5
3	臭椿	苦木科	臭椿属	4	乔木	落叶	20	9.2	5.4
4	紫叶李	蔷薇科	李属	7	小乔木	落叶	4.5	3	4.3
5	榆叶梅	蔷薇科	桃属	6	灌木	落叶	/	2.8	3
6	金球桧	柏科	圆柏属	5	灌木	常绿	/	1.2～1.5	1.2
7	锦熟黄杨	黄杨科	黄杨属	8	灌木	常绿	/	0.8	0.8
8	金叶女贞	木犀科	女贞属	3	灌木	落叶	/	2	2
9	大叶黄杨	卫矛科	卫矛属	2	灌木	常绿	/	2	2

图 4-7 A1 群落节点

该群落面积约为 210 平方米，位于滨海路临近老虎滩海洋公园处，是通往虎雕广场、鸟语林等景点的必经之处。从图 4-7 可以看出，整体设计风格是以自然山体为群落的背景，主要选择剪型植物与后侧山体的结合作为突出点。同时选用黑松作背景，前景选用景石小品，为整体植物景观增添自然韵味。季相搭配上主要为一种常色景观，选择锦熟黄杨、大叶黄杨、金叶女贞、金球桧等剪型植物的中绿、浅绿、深绿和紫叶李的紫色构成色彩的主色调，使整体色彩既有差别，又不杂乱，较好地应用了艺术原理，使景观局部统一和谐又不缺乏灵动变化。此外，在中层群落选择种植榆叶梅，体现了春季的色彩景观。在植物景观序列的表达上，通过剪型植物与自然式种植合理搭配，让游客在游览时随着视线移动，感受到移步换景的视觉效果。

滨海中路带状绿地植物景观 A2

A2 群落平面图、A2 群落植物种类及其特征、A2 群落节点，分别见图 4-8、表 4-10、图 4-9。

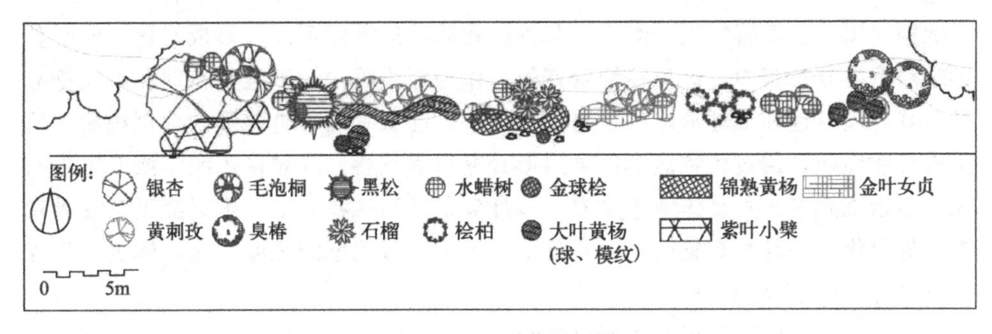

图 4-8 A2 群落平面图

表 4-10 A2 群落植物种类及其特征

编号	植物名称	科	属	数量	生活型	类型	胸径/cm	冠幅/m	高度/m
1	银杏	银杏科	银杏属	1	乔木	落叶	26	4	5.6
2	臭椿	苦木科	臭椿属	2	乔木	落叶	20	9.2	5.4
3	毛泡桐	玄参科	泡桐属	1	乔木	落叶	11	5	6.5
4	黑松	松科	松属	1	乔木	常绿	13	2.5	4.5

续表

编号	植物名称	科	属	数量	生活型	类型	胸径/cm	冠幅/m	高度/m
5	黄刺玫	蔷薇科	蔷薇属	7	灌木	落叶	/	2	2
6	石榴	石榴科	石榴属	3	灌木	落叶	/	1.8	1.8
7	桧柏	柏科	圆柏属	4	灌木	常绿	/	1	1.2
8	大叶黄杨	卫矛科	卫矛属	2	灌木	常绿	/	2	2
9	金球桧	柏科	圆柏属	5	灌木	常绿	/	1.2	1.2
10	紫叶小檗	小檗科	小檗属	3	灌木	落叶	/	1.3	1.2～1.5
11	锦熟黄杨	黄杨科	黄杨属	8	灌木	常绿	/	0.8	0.8
12	金叶女贞	木犀科	女贞属	4	灌木	落叶	/	1.5～2.8	1.2～1.6

图 4-9　A2 群落节点

该群落面积约 200 平方米，位于滨海路临近大连老虎滩海洋公园处，背景同样是天然山体，山体间隙处生长着野生樟子松，有五叶地锦攀缘而上，是典型的通过水平与垂直线条的对比达到良好组景效果的例子。下方乔木层的主体景观以毛泡桐、黑松、臭椿和银杏组成，几种植物的叶形质感不同，形成对比。同时黄刺玫和石榴分布其中，运用得恰到好处，作为背景灌木，不但其花期和果期都有景可观，同时也和草坪形成颜色对比。此外，前景采用种类较多的剪型植物，修剪成自然曲线，通过植物嵌套组合的形式突出其美感，同时在边缘零散放置景石来丰富景观元素。从整体效果来看，该群落以剪型植物为主，重点突出其在景观焦点的变化，并且在布置植物时充分结合场地内微地形的过渡变化，体现人工与自然的有机融合（图 4-9）。

滨海东路带状绿地植物景观 A3

A3 群落平面图、A3 群落植物种类及其特征、A3 群落节点，分别见图 4-10、表 4-11、图 4-11。

该群落面积为近 400 平方米，位于滨海中路段内的一处转弯地带。作为道路转弯处的一组景观，该群落在立面上起到标志、引导和界定空间的作用，因此在构图与选材上具有其自身的特点，具有可取之处。该群落的植物选择得当，季相特色鲜明，总体来看，层次分明，整体性强，特别是前景运用了蓍草、藿香、金鸡菊、黑心菊等草花，相对来说结构比较丰富。

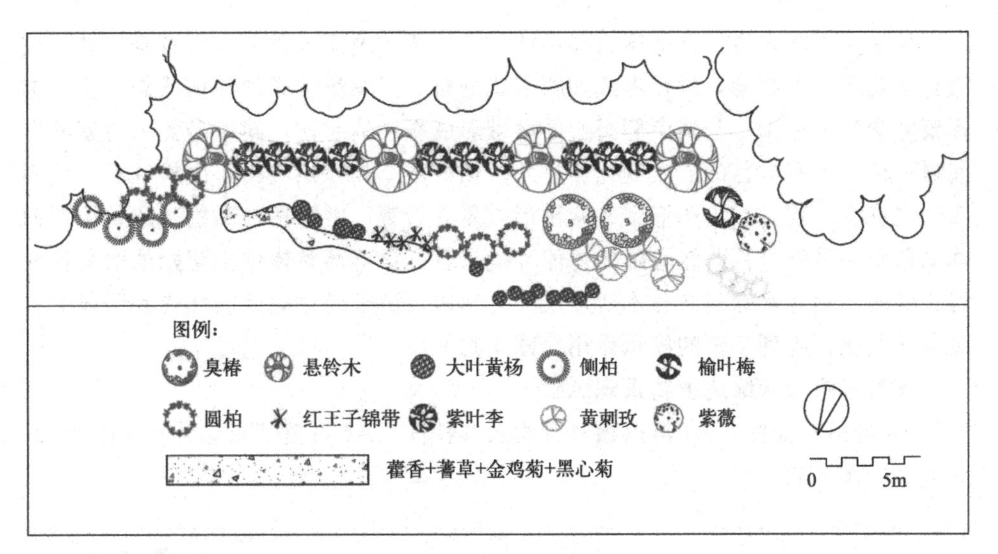

图 4-10　A3 群落平面图

表 4-11　A3 群落植物种类及其特征

编号	植物名称	科	属	数量	生活型	类型	胸径/cm	冠幅/m	高度/m
1	悬铃木	悬铃木科	悬铃木属	4	乔木	落叶	13	4.2	3.5
2	臭椿	苦木科	臭椿属	2	乔木	落叶	10	3.5	3.5
3	圆柏	柏科	圆柏属	3	乔木	常绿	3	2	3
4	侧柏	柏科	侧柏属	4	乔木	常绿	4	2	3
5	蜀桧	柏科	圆柏属	4	乔木	常绿	4	2	3
6	紫叶李	蔷薇科	李属	10	小乔木	落叶	/	2	3.5
7	紫薇	千屈菜科	紫薇属	1	小乔木	落叶	/	2.5	3
8	榆叶梅	蔷薇科	桃属	1	灌木	落叶	/	2.5	2.5
9	红王子锦带	忍冬科	锦带花属	6	灌木	落叶	/	1.5	1.5
10	黄刺玫	蔷薇科	蔷薇属	4	灌木	落叶	/	1.2	1.5
11	大叶黄杨	卫矛科	卫矛属	/	灌木	常绿	/	0.8～2	0.8～2
12	蓍草	菊科	蓍草属	/	草本	多年生	/	/	0.4
13	藿香	唇形科	藿香属	/	草本	多年生	/	/	0.4
14	金鸡菊	菊科	金鸡菊属	/	草本	多年生	/	/	0.2～0.6
15	黑心菊	菊科	金光菊属	/	草本	多年生	/	/	0.8

图 4-11　A3 群落节点

从平面构图来讲，该群落选择不同种类的草花渐变式种植。由藿香、蓍草过渡到金鸡菊、黑心菊，设计形式如飘带式分布，强调流动式的种植状态。背景选择紫叶李为主色调，与最南侧野生的林带形成颜色的对比，同时悬铃木与紫叶李间隔种植，具有丰富的层次变化。另外，该群落季相特点突出，由榆叶梅、黄刺玫形成春季景观，红王子锦带和紫薇形成夏季景观，常绿植物蜀桧、圆柏协调四季的色彩。另外，从此转弯处的总体环境来看，该群落整体位于起始处的蜀桧和终止处的龙柏等常绿竖向乔木所形成的空间内，游客经过此处能感受到明显的景观空间变化，起到一定的指示作用（图 4-11）。

滨海东路带状绿地植物景观 A4

A4 群落平面图、A4 群落植物种类及其特征、A4 群落节点，分别见图 4-12、表 4-12、图 4-13。

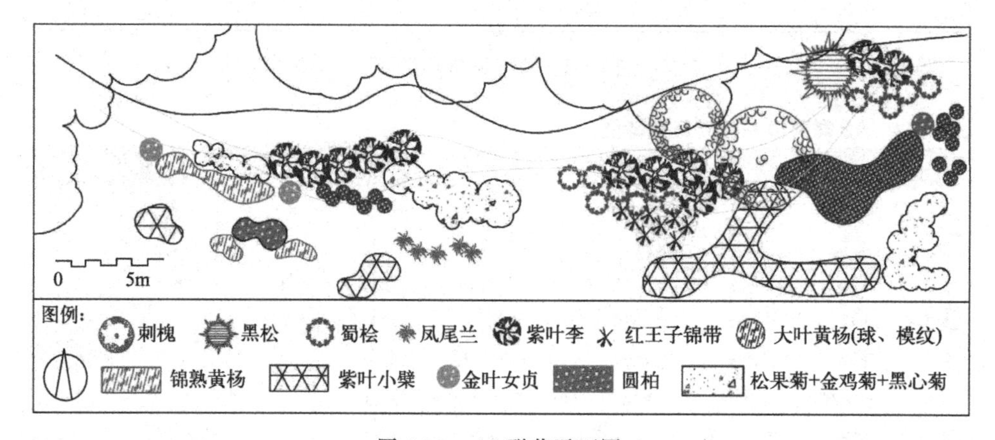

图 4-12　A4 群落平面图

表 4-12　A4 群落植物种类及其特征

编号	植物名称	科	属	数量	生活型	类型	胸径/cm	冠幅/m	高度/m
1	刺槐	豆科	刺槐属	2	乔木	落叶	18	6	5
2	黑松	松科	松属	1	乔木	常绿	12	5	4.5
3	蜀桧	柏科	圆柏属	13	乔木	常绿	4	1	5
4	紫叶李	蔷薇科	李属	8	小乔木	落叶	4	1	4
5	红王子锦带	忍冬科	锦带花属	8	灌木	落叶	/	1.5	1.5
6	大叶黄杨	卫矛科	卫矛属	15	灌木	常绿	/	0.8～1.5	0.8～1.5
7	凤尾兰	龙舌兰科	丝兰属	5	灌木	常绿	/	0.6～0.8	0.6～0.9
8	金叶女贞	木犀科	女贞属	2	灌木	落叶	/	1.2	1.2
9	锦熟黄杨	黄杨科	黄杨属	/	灌木	常绿	/	/	1.2
10	紫叶小檗	小檗科	小檗属	/	灌木	落叶	/	/	0.6～0.9
11	圆柏	柏科	圆柏属	/	灌木	常绿	/	/	0.9～1.2

续表

编号	植物名称	科	属	数量	生活型	类型	胸径/cm	冠幅/m	高度/m
12	金鸡菊	菊科	金鸡菊属	/	草本	多年生	/	/	0.2～0.6
13	松果菊	菊科	松果菊属	/	草本	多年生	/	/	0.6～0.8
14	黑心菊	菊科	金光菊属	/	草本	多年生	/	/	0.8

图 4-13　A4 群落节点

该群落面积为 230 平方米，位于滨海东路石槽村景区处。此处空间以欣赏剪型植物图案为主，结合剪型植物边缘线的变化，空间收放有致，较好地体现了植物在空间构成中的作用。其中多层次的植物配置方式，起到了很好的阻隔视线的作用。背景为紫叶李，形成团簇式景观，使空间范围明确，同时色彩感强烈。乔木层的植物主要为边缘处的两株刺槐，结合林缘配置的金鸡菊、松果菊、黑心菊等多年生花卉，体现丰富的层次变化。同时利用锦熟黄杨、紫叶小檗、大叶黄杨等剪型植物塑造景观，这些剪型植物多采取嵌套的方式，丰富了立面变化。此外，整个群落高低起伏的微地形变化突出，为植物间的遮挡提供了有力的支持。在构图中心处选取高低不同的凤尾兰，体现渐变的高度更彰显自然。从总体看，该群落植物景观种类丰富、结构合理、效果稳定，其林缘的处理更是其最精彩的地方（图 4-13）。

滨海东路带状绿地植物景观 A5

A5 群落平面图、A5 群落植物种类及其特征、A5 群落节点，分别见图 4-14、表 4-13、图 4-15。

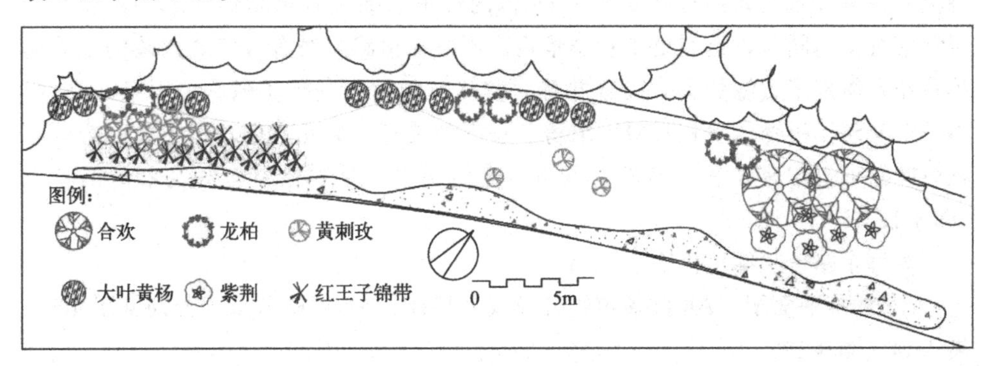

图 4-14　A5 群落平面图

表 4-13　A5 群落植物种类及其特征

编号	植物名称	科	属	数量	生活型	类型	胸径/cm	冠幅/m	高度/m
1	合欢	豆科	合欢属	2	乔木	落叶	15	4	5.5
2	龙柏	柏科	圆柏属	6	乔木	常绿	5	3	5
3	黄刺玫	蔷薇科	蔷薇属	26	灌木	落叶	/	0.8～1.8	0.8～1.8
4	红王子锦带	忍冬科	锦带花属	15	灌木	落叶	/	1.5	1.5
5	紫荆	豆科	紫荆属	8	灌木	落叶	/	2	3
6	大叶黄杨	卫矛科	卫矛属	10	灌木	常绿	/	1.2～1.5	1.2～1.5
7	金鸡菊	菊科	金鸡菊属	/	草本	多年生	/	/	0.2～0.6
8	蓍草	菊科	蓍草属	/	草本	多年生	/	/	0.4
9	藿香	唇形科	藿香属	/	草本	多年生	/	/	0.4

图 4-15　A5 群落节点

该群落面积近 400 平方米，位于滨海北路道路转弯处的一个节点。相较于 A3 群落，该群落在林缘和道路间的线性空间内，植物配置以简洁明快为主要特征。采用合欢、龙柏与草坪结合，构成了明快的基本格调。背景的山体分布大量的五叶地锦，覆盖在山石上，在春夏时成为绿色的屏障，在秋季时变为紫红色，与位于转弯处视线效果明显的淡绿与深绿形成鲜明对比。同时阔叶混交林的林缘种植的是高 3 米的紫荆与高 0.8～1.5 米的红王子锦带和黄刺玫灌木，体现灌木层错落关系的同时，也突出了春季景观。同时在道路沿线有自然式混栽的金鸡菊等草花，体现了边缘的有效围合并且对整体空间效果进行了强化，而且在高度、体量上与整体植物景观相呼应，取得了均衡的美感。除此之外，转角处的合欢等秋色叶树种也丰富了秋季景观，与五叶地锦结合，使群落具有颇为壮观的秋色（图 4-15）。

滨海东路带状绿地植物景观 A6

A6 群落平面图、A6 群落植物种类及其特征、A6 群落节点，分别见图 4-16、表 4-14、图 4-17。

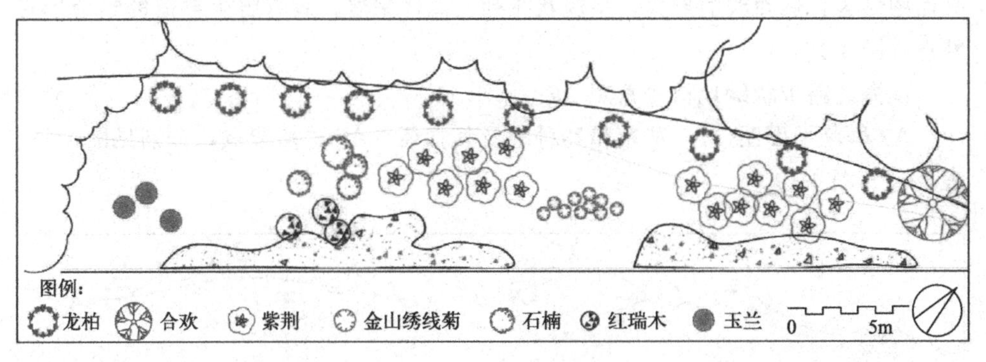

图 4-16　A6 群落平面图

表 4-14　A6 群落植物种类及其特征

编号	植物名称	科	属	数量	生活型	类型	胸径/cm	冠幅/m	高度/m
1	臭椿	苦木科	臭椿属	1	乔木	落叶	10	3.5	3.5
2	龙柏	柏科	圆柏属	10	乔木	常绿	5	1.5	5
3	玉兰	木兰科	木兰属	3	乔木	落叶	6	1.2	3
4	金山绣线菊	蔷薇科	绣线菊属	10	灌木	落叶	/	0.4	0.4
5	紫荆	豆科	紫荆属	15	灌木	落叶	/	1.8	2.5
6	石楠	蔷薇科	石楠属	4	灌木	常绿	/	1.2～1.5	1.5～2
7	红瑞木	山茱萸科	梾木属	3	灌木	落叶	/	1.5	1.5
8	金鸡菊	菊科	金鸡菊属	/	草本	多年生	/	/	0.2～0.6
9	蓍草	菊科	蓍草属	/	草本	多年生	/	/	0.4

图 4-17　A6 群落节点

该群落植物景观面积约 220 平方米，位于滨海北路的一个节点内，与其它群落相比，本组植物景观的最大特点是选择以植物本身的形态组合成景观，没有采用剪型植物，体现野趣。该群落上层植物选用臭椿和龙柏，种植于靠近山体一侧，形成了竖线条，体现秩序感。中景选取的是石楠与紫荆的组合，其叶形的质感是该景观的主要观赏点。同时从季相角度来说，石楠在早春叶色转为鲜红色，色彩鲜艳，可与玉兰形成春季景观。此外，点植的红瑞木和金山绣线菊因其枝条和叶的颜色进一步丰富了群落的景观。在道路的临近边缘种植金鸡菊和蓍草，其平面图形为自然曲线的形式，呈簇状排列，总体来看，具有野生群落的组合形式特点（图 4-17）。

滨海北路带状绿地植物景观 A7

A7 群落平面图、A7 群落植物种类及其特征、A7 群落节点，分别见图 4-18、表 4-15、图 4-19。

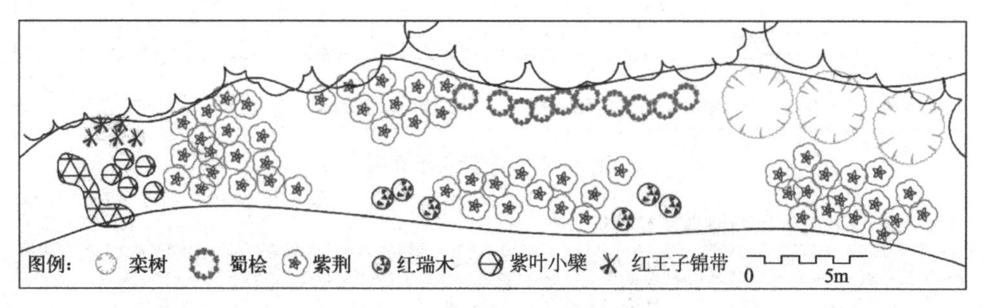

图 4-18　A7 群落平面图

表 4-15　A7 群落植物种类及其特征

编号	植物名称	科	属	数量	生活型	类型	胸径/cm	冠幅/m	高度/m
1	栾树	无患子科	栾树属	3	乔木	落叶	20	5	4.5
2	蜀桧	柏科	圆柏属	10	乔木	常绿	6	1.2	5
3	红瑞木	山茱萸科	梾木属	6	灌木	落叶	/	1	1
4	紫荆	豆科	紫荆属	55	灌木	落叶	/	1.8	3
5	紫叶小檗	小檗科	小檗属	6	灌木	落叶	/	0.6	0.6
6	红王子锦带	忍冬科	锦带花属	5	灌木	落叶	/	1.5	1.5

图 4-19　A7 群落节点

该群落面积为 360 平方米，地形相对比较平坦，主要的植物为片植紫荆，紫荆的总量达半数以上，高度大多约为 3 米，其形成的景观与南部靠海一侧的槲树林形成质感与高差的对比。同时，分别种植三株高大栾树和剪型紫叶小檗作为视线焦点，在道路的两个转弯处起到引导交通的作用，强化转弯处的特点（图 4-19）。

滨海北路带状绿地植物景观 A8

A8 群落平面图、A8 群落植物种类及其特征、A8 群落节点，分别见图 4-20、

表 4-16、图 4-21。

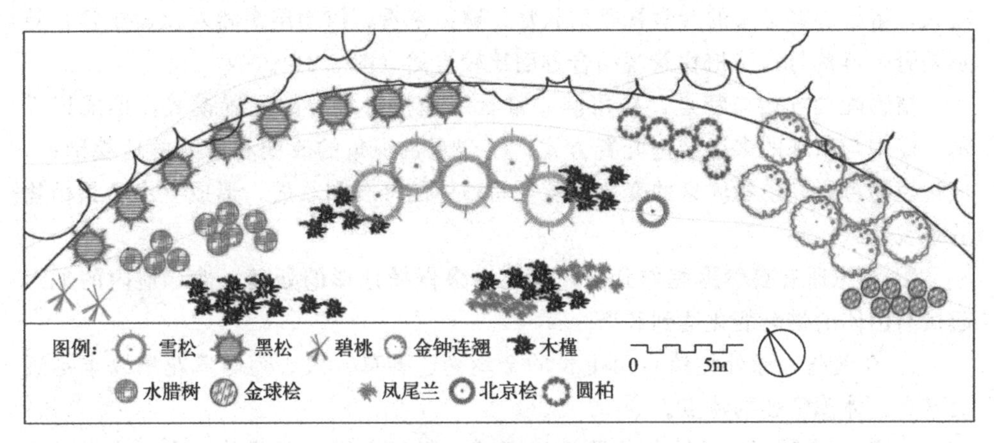

图 4-20　A8 群落平面图

表 4-16　A8 群落植物种类及其特征

编号	植物名称	科	属	数量	生活型	类型	胸径/cm	冠幅/m	高度/m
1	雪松	松科	雪松属	5	乔木	常绿	7	2.5	3
2	黑松	松科	松属	10	乔木	常绿	10	3	6
3	北京桧	柏科	圆柏属	1	乔木	常绿	6	2	2.5
4	圆柏	柏科	圆柏属	5	乔木	常绿	5	1.5	2.5
5	金球桧	柏科	圆柏属	2	灌木	常绿	/	1.2	0.9
6	金钟连翘	木犀科	连翘属	7	灌木	落叶	/	3	3
7	木槿	锦葵科	木槿属	28	小乔木	落叶	4	1	1.8
8	碧桃	蔷薇科	李属	2	小乔木	落叶	6	2	2
9	水蜡树	木犀科	水蜡属	10	灌木	落叶	/	1.5	1.6
10	凤尾兰	龙舌兰科	丝兰属	18	灌木	常绿	/	0.3～0.8	0.3～0.8

图 4-21　A8 群落节点

该群落面积为 450 平方米左右，位于滨海北路处的一个节点，主要是利用场地地形的变化对植物景观进行有效的划分。因绿地平均标高与道路标高有较大差距，没有在焦点位置种植高大乔木，而是采用凤尾兰和木槿等相对低矮的植物作为主景，以此来适应游客欣赏视线的相对高度。此外，草坪空间所占的比例相对较大，留给游客足够的观赏视距来欣赏。整体来看，植物层次相对比较丰富，特别是野生群落与人工植物景观结合方面比较自然（图 4-21）。

植物配置方式与特点：采用滨海带状绿地植物景观的配置模式，形成以乔木、灌木与草坪的多层结构配置方式。结合观赏视角的改变和所处的地貌形态，通过植物色彩和植物体量的变化以及空间整体的开合和收放，形成突出主景植物的景观效果。

① 利用原有自然地貌作背景，绿地内多做微地形的处理，使绿地内的地形起伏与山体的错落变化达到和谐。

② 在道路边缘处种植自由生长的金鸡菊、蓍草、黑心菊等草花用以丰富近处景观，体现野趣的特点。

③ 滨海路转弯处的绿化主要选用多群植竖线条常绿或彩叶树木，或者观赏性较为突出的高大乔木，从而形成视线焦点，引导公众的视线，起到指示作用。

④ 靠近山体一侧的绿地多种植五叶地锦，利用植物生长特性形成垂直绿化的景观。

⑤ 在植物材料的选择上，多采用非剪型与经艺术化处理的剪型植物搭配来营造接近自然的生态景观。其中在游人较多的道路节点处，剪型植物的应用频度最高，形成浅绿、深绿、金黄、紫色几种色调的嵌套形式。

实例分析：滨海公园植物景观

（1）海之韵公园

海之韵公园（原为东海公园）占地 450 余公顷，是地处大连海滨风景区最东部的海滨公园，公园穿越滨海北路，距市中心 10 公里，北接大连市中山区，西南部为棒棰岛景区，两面临海，海岸线长达 1200 余米，主要自然景观为山峰、森林、碧海、草地等。其中棒棰岛景区北入口沿山体筑起了一条曲折迂回、贯穿全园的旅游干道，将山与海分割开来，形成了险峻的峭壁，巍然耸立，气势磅礴。绵延的海陆界面建有随山体的、排列形式起伏的、风格突出的带状公园绿地景观——十八盘。随着地形起伏蜿蜒变化，在山体靠近道路一侧建有种类各异的巨型海洋生物雕塑。雕塑选用了灰塑作为主要建造材料，不但和自然山石的颜色相协调，而且突出各种海洋生物的特点。另一侧主要通过模纹剪型植物塑造空间，大多设计成自然式的曲线，同道路线的分布情况相匹配，利用模纹剪型植物弯曲的形式弱化高差，减弱游人在此处因为复杂的地形带来的不安全感。植物的覆盖密度比较大，但植物配置相对比较单一，多为锦熟黄杨、大叶黄杨、金叶女贞、紫叶小檗、金球桧几种耐修剪的植物，形成黄色、墨绿色、金黄色、紫色四种为主的穿插式的搭配形式。在靠近山体一侧，选用金钟连翘、红王子锦带、龙柏、栾树、臭椿、银杏等树木的黄绿色、翠绿色及墨绿色色调作为背景，通过强烈的色差突出前景的模纹剪型植物样式（图 4-22）。

图 4-22　海之韵公园植物景观节点

（2）棒棰岛宾馆景区

此景区地处大连市滨海路东段，距大连市东南约 5 公里，国内著名的国宾馆之一的棒棰岛宾馆就坐落在这里，是一处以山、海、岛、沙滩、礁石为主要景观的风景胜地。此处三面环山，一面临海，北面群山环绕，南面是开阔的海域和平坦的沙滩景区。此处植物景观设计多样，既有别墅庭院式的精致景观，也有高尔夫球场式的大气景观，特别是棒棰岛宾馆入口处的植物景观设计，延续了海之韵公园十八盘景点的特点。同样采用剪型植物为主要构成空间元素，此外通过大量种植北京桧、蜀桧、龙柏等竖线条常绿植物，打破平整的空间。同时运用凤尾兰的直立性、挑出性的特点，改善立面空间，并丰富绿地布局（图 4-23～图 4-26）。棒棰岛景区最南侧为天然临海浴场，这里依然运用剪型植物来塑造景观，其中以锦熟黄杨、金叶女贞和紫叶小檗为主，结合不同的组合类型，体现出步移景异的景观特点。

图 4-23　棒棰岛景区节点 1

图 4-24　棒棰岛景区节点 2

图 4-25　棒棰岛景区节点 3

图 4-26　棒棰岛景区节点 4

在此处除了以少量非修剪的元素作为单独的植物景观构成，多数为模纹剪型植物与草坪组合的形式，比如“锦熟黄杨模纹剪型植物（大叶黄杨、紫叶小檗、金球桧、金叶女贞）＋草坪”的形式。其中几种模纹剪型植物嵌套式的种植形式占多数，结合这几种植物的剪型树球形式搭配应用，在不同节点形成不同的表现方式，形成步移景异的特点，同时节点的景观序列不破坏统一的整体变化形式。除此之外，平面构成突出自然流动曲线的纹样，与地形边界的变化相结合，体现配置模式的多样性。

此外，绿地背景处栽植冠形较为美观的开花灌木以及少量乔木，其中典型的配置模式为“常绿乔木—自然曲线式模纹剪型植物—草坪”，如“蜀桧（龙柏、北京桧）＋黄杨类＋草坪”。其中模纹剪型植物的形式不仅仅是为了展现艺术化的美感，更多在于表现场地围合边缘的协调性和一致性，即平面构成的自然性。在范围宽、视域广、尺度大的场地内，植物景观主要是以绿、金黄、红色三色系的剪型植物作为主体框架，通过种植竖线条的常绿植物进一步丰富空间，整体来说突出了人工修剪植物在环境中的美学作用。

以上主要针对大连市滨海路景区内的滨海广场、滨海带状绿地、滨海公园内的植物景观进行分析，选取其中的典型实例，分析其样方内植物种类组成、规格、观赏特性，以及与周边环境的关系，最后对植物配置的方式和特点进行了系统的总结。

① 滨海广场植物景观的配置模式：主要为模纹剪型植物和草坪相结合，场地局部点缀乔灌木的形式，通过强调树木剪型形成的图案美感来突出构图的丰

富性。

② 滨海带状绿地植物景观的配置模式：形成以乔木、灌木与草坪多层结构的配置模式。

（3）滨海公园绿地植物景观的配置模式

多数为“模纹剪型植物＋草坪”的形式，且多数为几种模纹剪型植物嵌套式的种植形式，并与这几种灌木的剪型树球一起搭配应用。模纹剪型植物的形式不完全要求规则化，更多的是体现场地围合边缘的协调性和一致性，从平面构成来讲更趋于构成的自然性。在范围宽、视域广、尺度大的场地内，形成绿、金黄、红色三色系的剪型植物作为主体框架，并种植竖线条的常绿植物来丰富空间的变化。综合以上三种绿地形式的植物景观配置模式，归纳滨海路景区植物配置具有以下特点：①结合观赏视角的改变和所处位置的地貌形态，通过植物色彩和植物体量的变化以及空间整体的开合和收放，形成突出主景植物的景观效果；②不同节点采用不同的表现方式，形成步移景异的视觉效果，且节点的景观序列也体现了整体性、统一性；③平面构成突出自然流动曲线的纹样，并结合地形边界的变化，体现配置模式的多样性；④树种的选择上多选择耐修剪的常绿和彩叶树种。

2. 大连滨海路海陆界面动物种类与分布密度

大连滨海路海陆界面近岸海洋生物十分丰富，盛产扇贝、牡蛎、黄花鱼、海胆、鲍鱼、海参、对虾、加吉鱼等。

大连海陆界面野生鸟类的密度和种类数量较大。其中国家级保护鸟类有东方白鹳、黄嘴白鹭、海鸬鹚、游隼、燕隼、凤头蜂鹰、雀鹰、苍鹰、红脚隼、领角鸮等。

大连滨海路海陆界面动物主要集中在白云山景区中的大连森林动物园和老虎滩景区中的鸟语林。鸟语林内许多是受保护的鸟类。

大连地区的水产品资源比较丰富，盛产多种鱼、虾、蟹、贝、藻是全国重点水产基地之一。大连沿海主要有小黄鱼、皮匠鱼、墨鱼、带鱼、六线鱼等。海洋无脊椎动物中经济价值较高的有对虾、毛虾、海蜇、海螺、海虹、牡蛎等。大连地区沿海海水氯化钠含量较高，有丰富的盐资源，加上适宜晒盐的滩涂较多，使大连成为全国主要的海盐产区之一。

3. 人口的居住分布密度

大连滨海路海陆界面居住人口不多，因此处风景较好，多数相对集中在星海广场、渔人码头等周边高档楼盘和海滨别墅内。其余多为大连海陆界面旅游公共开放活动场所、疗养院、国宾馆和军事基地等，游人流动量大，常住人口少，滨海路景区内绿带保护基本完整，人为干扰程度小。

七、大连滨海路海陆界面剖面现状分析

大连滨海路海陆海界面步道与山海的位置关系变化复杂，形成多种景观。大连海陆界面位置主要有以下形式：滨海步道、近海步道、山海步道、山间步道。

（1）滨海步道与海陆界面剖面现状分析

滨海步道（图 4-27）一般靠近开放的滨海公园或滨海广场。如星海广场东部的步道宽敞平坦，而傅家庄滨海公园内的步道蜿蜒曲折，是顺应自然的海陆边界线。在滨海步道上人们可以直接步入海滩或进行亲水活动。无论是驻足观看海陆界面全貌和海景还是亲近大海与自然嬉戏或是海边垂钓，滨海步道都是最受人们欢迎的公共开放空间。

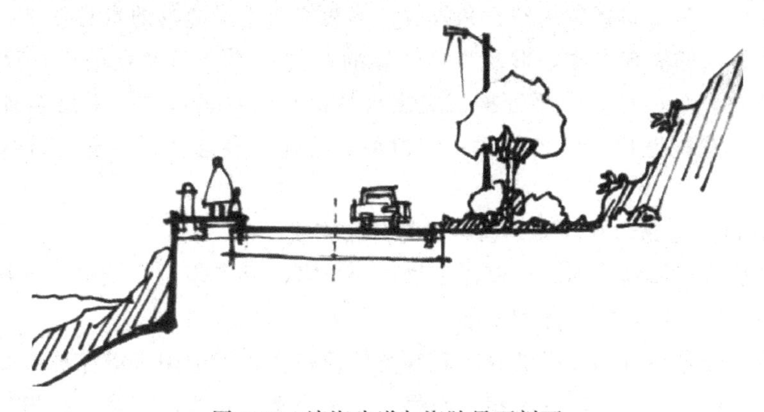

图 4-27　滨海步道与海陆界面剖面

（2）近海步道与海陆界面剖面现状分析

近海步道与大海之间被景观绿地或封闭的海水浴场、滨海公园等相隔。从剖面图上来看（图 4-28），景观元素更具多样性，人们的活动范围也更广。

图 4-28　近海步道与海陆界面剖面

(3) 山海步道与海陆界面剖面现状分析

滨海路海陆界面的大部分路段处于山崖或山腰上。从剖面上看，竖向高差变化大，形态更丰富。海水与山体交界处，更适宜植物的生长和生物的繁衍。此地段人流相对较少，污染相对较轻，是观看海景的好地方（图 4-29)。

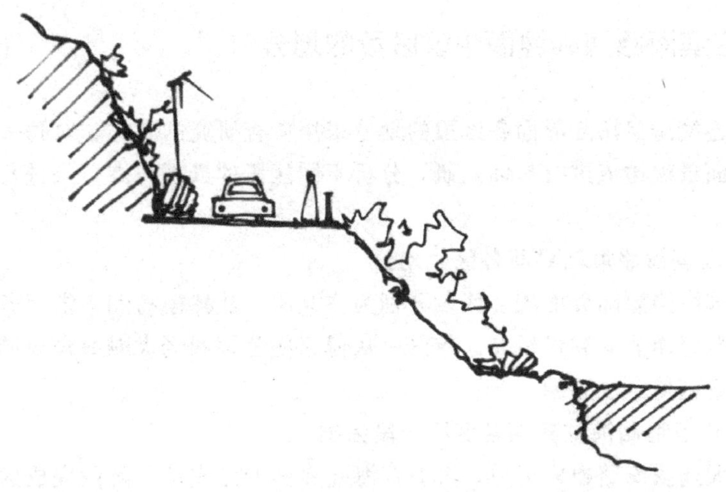

图 4-29　山海步道与海陆界面剖面

(4) 山间步道与海陆界面剖面现状分析

走在山间步道（图 4-30）上无法直接看到海景，但是变化不断的山体搭配丰富的植物群落，会使游人在山谷中享受另一番滋味。

图 4-30　山间步道与海陆界面剖面

研究滨海路海陆界面的剖面位置关系是必要的，因为在不同的海陆界面位置，游人会看到不同的海陆界面景致，而不同的观景内容又可以影响游人的观景方式。人流量的大小也是随着观景内容是否丰富，而产生汇聚。

第二节　大连滨海路海陆界面可持续景观总体规划

一、大连滨海路海陆界面中各区段的划分

对大连滨海路海陆界面各区段的划分采用调查研究的方式，对每一区段滨海路海陆界面景观构成进行具体调研，分析不同区段的景观特点，来进行可持续性规划。

1. 大连滨海路海陆界面各区段划分

大连滨海路海陆界面的各区段分别为：北段—从棒棰岛到东港商务区，东段—从老虎滩海洋公园到棒棰岛，南段—从傅家庄公园到老虎滩海洋公园，西段—从星海广场到傅家庄公园。

2. 大连滨海路海陆界面各区段分段依据

根据大连滨海路建成历史，滨海路海陆界面的建成是分阶段完成的，因此单独每一路段在整体景观规划上具有一定的整体性和可持续性。分区段研究有助于了解不同区段的景观特色及组织各区段的景观序列。

二、大连滨海路海陆界面结构与功能规划

大连滨海路海陆界面结构与功能规划，首先在遵循景观结构与功能原理基础上，结合实地考察和分析，进行再规划。根据滨海路海陆界面区植被和区域特点，带状生态廊道保持基本完整，只有局部地区需要加大生态廊道宽度。通过分析滨海路海陆界面的自然生成元素和扩展生成元素特点，并结合人群生活习惯，构建滨海路海陆界面扩展生成元素，形成人与自然和谐共存的空间结构。采用“以点带线、以线控面”的方法，组织各种相关元素，形成既统一又兼具韵律的生态空间。大连滨海路是全国有名的滨海旅游地，海洋文化是滨海路建设的根本基础。滨海路记载着大连市的海洋文化发展历程，地域符号是滨海路海陆界面具有吸引力、生命力和历史承载力的根本渊源。规划设计中，各区段会结合民间流传历史来进行地标性空间的设计。

三、大连滨海路海陆界面视觉规划

大连滨海路海陆界面区域具有面状的延伸性、景观的丰富性、活动趋于多重

性等特征。滨海路独特的地理特性也决定了其开发模式。人工的干预特征也体现了人们对大连滨海路海陆界面区赋予了独特的使用功能，例如海洋文化元素在滨海路海陆界面植物造型上运用较广泛。海、山、城是大连滨海路海陆界面区的基本格局，海陆界面轮廓与城市的天际线是形态展现最重要的元素。山体、建筑、雕塑、游人构成海陆界面丰富的城市天际线。而大连滨海路海陆界面的平面形态从地图上看主要有直线形海陆界面、凹凸形海陆界面和岛形海陆界面这三种类型，为大连海陆界面天际线营造提供了多种可能性。

海陆界面是沿海城市展示城市景观形象的亮点，维护城市生态环境的基地，它的健康发展是沿海城市居民生活和娱乐的保障。

海陆界面区在开发与保护过程中，应该围绕着历史性、地域性、生态性、独特性、参与性等五大原则来进行，景观规划是以保护环境为前提的。

海陆界面建筑高度的控制：第一要保护自然或人文景观视线的通达性；第二要打造层次变化丰富的海陆界面轮廓线；第三要强化城市特殊区域的自然风貌；第四要提高土地的利用率，让人与自然相互和谐发展。

良好的观景视线可改善观看景观的效果。山与海融在一起的自然风光是大连滨海路海陆界面鲜明的景观特色，全国各地游客来大连就是为了欣赏大海的壮观，聆听海浪拍打礁石的声音，感受大海海风的气息。“看海”是大连滨海路海陆界面最主要的观景功能。如果能把大海的美景全部展现在游客面前，对滨海路海陆界面得天独厚的自然景观资源是最完美的利用。植物栽植或其它人工公共设施对观海视线的遮挡影响了人们欣赏滨海路海陆界面自然海景，大海近在咫尺，却很难与它亲近，造成了景观资源的浪费，也让游客无法欣赏眼前的植物景观，造成了景观资源的双重浪费。在滨海路海陆界面景观设计中，解决植物遮挡景观视线问题的方法有很多，如对植物的枝条造型进行适当修理，或者对植物过于茂密的路段进行树木的移植，把路面基座抬高，提升观景视线。多进行落叶植物栽植，通过四季的变化也可以使景观视线在植物落叶的季节得到改善。

四、大连滨海路海陆界面游览道路交通规划

1. 大连滨海路海陆界面交通现状

因滨海路海陆界面沿线居住区不是很多，所以没有贯穿全线的公交车。通常本地市民游览滨海路时，一般乘坐公共汽车到这些道路交会处开始游览，这些交会处也就成了滨海路海陆界面的“入口”。还有一种游览方式是乘坐滨海路环路巴士，起点是大连火车站，终点是会展中心，全程 10 元，游客可以在环路巴士途经的景点站下车进行游览，游览完景点，可以凭手中的车票再一次乘坐环路巴士，游览下一个景点，不需要再购买车票。这种出行方式对于不熟悉滨海路的外

地游客来说，出行十分方便。但是唯一不足的是，环路巴士的发车时间是30分钟一次，每到旅游高峰期，每个景点站会拥挤大批需要换乘的游客。因为巴士座位有限，很多游人乘坐不上，只能再等下一辆巴士，很多游人因为等待时间太长，会选择徒步到下一景点。毕竟滨海路全长32公里，如果全部徒步下来，需要充足的体力和食物，这对游人来说是一种考验。针对以上情况，需要对滨海路游览道路进行重新规划。

因此，滨海路海陆界面景观节点的组织应以段为规划单位。棒棰岛附近没有设置公交站点，只有旅游季观光车换乘点，离棒棰岛景区最近的公交站点设置在山屏街，距离棒棰岛很远，步行游客乘坐来往不方便。所以，滨海路海陆界面东段和滨海路海陆界面北段的景观节点组织应该把此两段结合起来进行综合考量。

2. 大连滨海路海陆界面游览道路交通规划设计

（1）大连滨海路海陆界面景区道路规划

大连滨海路海陆界面景区内部道路一共分为四个等级：景区的主干道、景区的主游览道、景区的次游览道、景区的游览步道。包括游览、休闲、体育锻炼、交通等多种功能。

① 景区的主干道：是连接星海广场到海之韵公园的主要出行道路，由北向西贯穿整个海陆界面景区，是连接景区与外部城市道路的交通性道路。

② 景区的主游览道：是连接各个景区间的主要游览道路，在城市道路交叉口位置成为景区的主要出入口。

③ 景区的次游览道：是连接各个景区内部的次要道路，在城市道路交叉口位置成为次要出入口。

④ 景区的游览步道：是依山势设置的自然道路或人工修筑的阶梯式道路。

（2）大连滨海路景区交通流线组织规划

以景区主干道、景区主游览路构成车行主流线，以景区次游览路、景区游览步道构成人行主流线。形成“人车分流、互不干扰”的格局。

① 景区外部社会车辆流线：通常要进入景区的游客车辆通过周边道路道口转向，进入各景区内部主游览路，到达各景区停车场，再转乘景区内部电瓶车或步行至各景点。

② 车行主流线：根据大连滨海路海陆界面景区用地规划、景点、服务设施及景区路网系统规划，以各景区为中心形成各环行及自由式道路，8米宽主干道贯穿12个景区，以方便游客游赏各主要景点。

③ 人行（包括游览自行车）主流线：有如下规划。

星海广场：广场内的次游览路均为人行主流线，一般限制车辆进入。广场外环接市政主干道，车辆可以出入。

傅家庄公园：公园内道路均为人行主流线，限制车辆出入。

大连森林动物园：人行次游览路5米宽通往各景点。

燕窝岭婚庆公园：景区主、次游览路均为人行主流线，限制车辆出入。

虎滩乐园：园区内游览路均为人行主流线，限制车辆出入。

渔人码头：园区内游览路均为人行主流线，限制车辆出入。车辆多停放于入口停车场，近海湾内停放渔船和游艇。

石槽景区：景区内都是人行路线，车停在入口处。

棒棰岛景区：园区内有8米宽车行路线，也有1.5～3米的人行步道，人车分离。车可以停在园区规定的停车场内。

海之韵公园：园区内有8米宽车行路线，也有1.5～3米的人行步道，人车分离。车可以停在园区规定的停车场内。

东港商务区：区内规划有九横、二十五纵、一环共计35条道路，其中主干道9条、次干道16条、支路10条，道路总长37公里。

五、大连滨海路海陆界面植物景观规划

大连滨海路海陆界面植物的景观规划首先是基于大连滨海路海陆界面绿地景观规划为前提，进行再规划，它是可持续绿地景观规划的延续，海陆界面绿地景观的植物种类及配置选择是否得当直接决定大连滨海路海陆界面绿地景观整体的生态效益、环境效益和经济效益，其选择受到多种因素的影响和制约，本节对这些影响因素进行分类和总结，希望能有益于未来的城市海陆界面可持续植物景观规划实践。

1. 大连滨海路海陆界面的植被选择

大连滨海路海陆界面初步分为三区：即休闲游赏区、文化娱乐区、休闲海滨度假区。总体的布局要充分利用优美和富有变化的海陆界面交界线，创造自然的地形，突出暖温带植物景观效果，以赤栎（当地优势树种）、刺槐、蒙古栎为主打乔木背景林，点缀高大抗盐碱树，如白蜡、毛白杨等。

城市海陆界面区与植被相关的自然特性主要是土壤、水、气候、地形等；根据不同的自然环境选择适宜的植被种类；绿地系统的结构布局形式顺应海陆界面区自然地形的变化，将平面绿化和垂直绿化结合起来，强调植物种类和配置的选择与本地的气候特点相适应。

绿带选配经过人工挑选的抗寒、抗风、耐盐碱的乔木、灌木、地被植物、草皮品种，将野生与栽培种植结合，结合耐盐植物和本土植物，以进一步丰富植物群落组成，达到稳定结构。

大连滨海路海陆界面的植被选择乔木中的毛泡桐、白蜡、刺槐、国槐、黑松、雪松、北京桧、水杉、白皮松、圆柏、云杉、栾树、碧桃、玉兰、二乔玉

兰、白玉兰、山杏、京桃、樱花、合欢、紫薇；灌木中的紫丁香、榆叶梅、忍冬、红王子锦带、玫瑰、贴梗海棠、东北珍珠梅、红瑞木、紫穗槐、水蜡；地被植物中的金鸡菊、矮牵牛、万寿菊、天人菊、黑心菊、鸡冠花、波斯菊、蓍草、玉簪、矮丛薹草、宽叶薹草、柴胡等。

2. 大连滨海路海陆界面植物造景方法

配置大连滨海路海陆界面地段生长的野生植被，按自然式造景方法对植物群落结构进行搭配。一些节点和边缘处，对植物配置手法不作限制性要求。

挑选大连市滨海路海陆界面景区内的带状绿地内、广场、公园的植物景观的典型实例进行比较和分析。通过对植物种类规格、组成、生长特性、观赏特性以及与周边环境的关系进行分析，对植物搭配的方式和特点进行总结，然后在此基础上提出改善和保护意见。通过长时间对滨海路海陆界面植物景观配置模式的考察和研究，可归纳大连滨海路海陆界面景区植物造景具有以下特点：不同节点表现方式各异，但节点的景观序列具有统一性；随着观赏视角的改变，植物的体量、色彩也随之变化，结合空间的开合和收放，达到主景突出的效果；树种的选择上要以耐修剪和维护简易的树种和色叶树种为主；配置植物模式要随着地形的变化，使平面构图具有自然流动的纹样。大连滨海路海陆界面植物规划存在的问题及建议：草本植物应用较少，应考虑适当增加，增加树木种类，丰富群落结构多样性，控制植物剪型形式及规模。

大连滨海路景观植物配置充分体现了大连的文化优势，大连滨海路景观就像一串流动的音符，既具有全局性、畅通性，又具有丰富的、多元的、多层次的特点。植物景观的营造需要努力体现当地的文化特色，特别是对地方文化的传承与发展。利用植物打造植物景观空间的意境美，是对滨海文化的继承，也是对城市景观规划设计理念的表达。植物景观最终的形成会受到多方面的影响，植物景观营造的基础是植物材料；然而后者影响景观的质量、风格与组成特点，大量剪型植物（包括模纹剪型植物和剪型树球）和彩叶树种的应用形成了大连滨海路景区人工植物景观配置的风格特点。滨海景观的营造是对它所处区域内的生态、历史文化、现状进行分析、提炼，使历史与现实相得益彰，使自然和人工巧妙融合的过程。大连滨海文化具有多样化的特点，历史上它曾经与俄国、日本等国家的文化有着交织与融合，使得大连在城市规划建设方面至今仍保留着几种文化遗迹，同时在滨海路景区的植物景观塑造方面也受到东西方文化的影响，在材料的选择和景观植物配置形式方面也继承了这一特点。还可以利用地形的变化来创造出近自然的植物景观设计。

特别要重视道路转弯处的绿化种植。大连滨海路路程比较长，道路的形式曲折变化，再加上周围原有山体、地貌形态、野生山林地带的围合形成蜿蜒曲折的道路形态，道路的自然转弯点较多，为避免游客步行无聊以及避免司机由于弯道较多产生眩晕感，要特别注重滨海路段内转弯处的绿化植物景观配置，比如在转弯处种植冠形优美的高大乔木、彩叶树木以形成人们视线转弯处的聚焦点。

生态绿化的背景是以周围大面积的山林来体现的，重视生态与自然地貌的有机结合，从而形成富有多层次、多元素变化的人工绿地景观植物。特别是应用了垂直绿化，使得自然的山体景观与人工培育植物达到相对融合。自然环境在地质因素、地形因素、气候因素等方面注重海洋文化元素在绿地中的应用，同时在长期的社会生态发展中形成不同的文化特征。地域文化的体现是由一个地区的人们对自然的认识和把握在方式、程度以及审美角度的分析。不同区域的人类群体在文化上又各具不同的景观特点，因此，我们用植物来作为媒介，用抽象形式来表达地域文化并向人们展示极富地区特色的文化，是现代型植物意境景观的设计方法之一。不管是传统型地域还是现代型地域都有其鲜明的地方特色和环境特色。大连滨海路景区非常注重使用海洋元素，在滨海公园以及节点处的主要带状绿地，都可以看到海洋形态的雕塑、小品、装饰等，并且在植物配置方面大量运用曲线的修剪方式，在视觉上给人以海浪和云朵的感觉。运用不同种类剪型植物嵌套式的配置方法追求自然与多样变换。在滨海景区主要节点的出入口位置，植物的种植手法包括成林、成片、成丛等，形成了气势雄宏的景观态势，利用剪型植物造型的多变及巧妙搭配来凸显其地域特色，通过季相色彩来展现色彩的变换。

大连是一个四季分明的城市，所以滨海路的植物配置在四季有着不同的景象，不同的景点有着不同的特点。总的来看，春季生机盎然，夏季绿树成荫，秋季色彩绚丽，冬季银装素裹。滨海广场中的绿地设计和滨海公园的绿地设计在植物景观的规划上有着相似性，两者都主要突出植物景观的规划性，都注重植物景观的色彩搭配，基本的植物素材为彩色的剪型植物，从而可以更好地体现色彩上的平衡性。

彩叶剪型植物形成颜色靓丽的滨海景观带，同时又考虑到滨海带状绿地是滨海路景区中的首要绿地表现形式，所以将人工绿地景观中四季分明的色彩和大自然中的山体树木一年四季的色彩结合。这也体现出滨海带状的绿地不仅仅在实际规划上，在应用颜色鲜明的剪型植物上也很重视在不同季节显现不同的色彩。所以在大连的滨海植物景观的打造上还应改进，如植物的种类还可以再增加。

由于之前的植物景观配置中草本植物的种类不多，所以可以增加草本类的植物。总体来看，花卉的品种比较单调，以菊科为主，金鸡菊、波斯菊、黑心菊和天人菊占比相对较大，所以并没有符合植物景观的多样性。草本类的植物还需要人们潜心挖掘，把草本植物的应用丰富起来，让带状的绿地面积扩大，增加其它有关树种的数量，花卉的色彩也要丰富多样起来，与此同时也要顾及主要景观节点上植物景观的多样性。

在调查中发现，大家更倾向于看到大自然中本就存在的由乔木、灌木、草本植物组成的具有层次感和多样性的自然植物景观。所以如果不在主要景观节点的带状形式范围内，改善景观小品单一的状况，可以考虑以植物之间的搭配来打造不一样的自然景观氛围，这也许是大众更想看到的景观。很多景观设计师们在景观的设计中还只是一贯地采用乔木、灌木来打造景观的一个变化性，却没有考虑到花卉也是营造层次感的一个很好的选择，这也是设计师们在植物规划中需要打破的点，大胆尝试花卉的应用。笔者实地考察发现，在滨海路景区内，有大量的芦苇、薹草、绵枣儿等天然植物，可以搭配鸢尾科、百合科、禾本科的植物，如鸢尾、玉簪、大花萱草、百合、狼尾草等，从而打造更具丰富性的景观样貌。

考虑适量增多树木的品种，让群落结构的稳定性得到一定的提升。经调查，在大连引种的树木大有所在，因此也可以增加一些新的具有观赏价值的树种，如乔木类的白皮松、鼠李、枫杨、紫椴、合欢、栾树、毛泡桐、梧桐；也可以增加藤本类的植物，如凌霄、紫藤、藤本月季等。这些植物大都分布在大连市各公园的绿地中，观赏起来赏心悦目，这些也可广泛应用在大连市滨海景观中，使绿化树的种类多样化，从而也可以使人工群落有更高的稳定性。

除此以外，在滨海路景区天然的山体群落里，存在着大量的适应性很高的栎树林（主要包括麻栎林、栓皮栎林、辽东栎林、蒙古栎林、槲栎林、槲树林等），并且灌木类也有很多，如柽柳、胡枝子、花木蓝、南蛇藤、叶底珠、醉鱼草等，这些也适用于在园林里栽种，提高观赏价值。像胡枝子有很松软的触感，在春天和夏天的时候，胡枝子的枝头上就会有很多粉嫩的花朵冒出来，不论是叶子的形状还是花骨朵儿的颜色都让人看起来心旷神怡。南蛇藤可观花、观果，可以大胆尝试将其种植在景区里作为攀缘类的植物种类，从而可以增加植物种类。

要想更好地体现自然和原生态的园林风格，可以尽可能地采用所在地区已存在的资源，使之与自然群落里的植物结合。反之，应该适量减少剪型植物，不可以让这种形式过于泛滥。如果大范围地采用了剪型模纹植物和剪型树球来进行景观搭配，会导致植物景观设计的功能性降低，比如在植物景观的配置中仅仅只追求颜色的丰富和花纹的美感，却没有考虑到使用者的便利，植物的遮阴效果，这样的话，不仅没有让大众享受到这片绿地具有的功能性，也不利于植物本身的成长。

现代的园林中有很多的造型方式被过于广泛运用，比如剪型模纹植物大面积种植，流水形态的组图方式，以及植物经过修饰后的形态。虽然说这种具有很强装饰效果的图形表现出的观赏效果很好，可是过于泛滥就会使大乔木的采用相对有所减少，在实际应用上就会没有乘凉的地方，大面积形态单调的植物景象很容易使群落的结构过于单一，可供群众实际使用的绿地面积不大，实际意义不大，这不仅让剪修植物的工作量增大，对所在城市的环境改善作用也不大，因此希望园林设计规划中多种植乔木，相对减少种植需要修剪的植物。

应该适量增加介绍景点文化历史的说明牌和景观中的小品设施。景观中具有说明性的标识系统在整个景观系统中有着不可替代的作用，可以说它们是联系环境系统设计各个地方元素的纽带，对打造和谐环境，营造独特性的景观，以及帮助大众对景观的理解认识有着不同寻常的作用。从游览者的角度出发，在园林中游走时，很容易被路边的美景深深吸引，游览者希望得到更多的认识。可是，在现实生活中，很少有景观标识设施很健全的地方，我们想到达的地方不知道在哪，想了解的东西又普及得不够详细，所以常常会感到迷茫。如果设计的景观点处于滨海地区，那自然应当更多地体现当地的海洋文化，不宜千篇一律。可以在绿地的沿边摆放一些与海洋生物有关的小品，各个景点的介绍牌等，还可以在带状的绿地里增加一些可有趣互动的小品，在游客感到劳累的时候可以缓解疲劳，也可以增强游客对海洋文化景观的认识。公园内标识牌不论在材料的选择还是做工上都采用灰塑，可以制作成海之韵公园中石壁生物雕塑的样式，如燕窝岭、棒棰岛景区等，从而可以让植物景观更生动有趣，也可以很好地宣传海洋文化。

3. 大连滨海路海陆界面植物的养护手段

大连滨海路海陆界面绿地内侧要以维护、养护管理为主，这个要靠居民和游人的自觉性，也要靠政府相关部门的监管和督促，确保每个地段节点的景观效果。绿带的外缘和中间地段在保证植被群落适应环境的前提下，对此地进行封育保养式管理。

4. 大连滨海路海陆界面特色林带

大连滨海路海陆界面以本地优势树种作为特色林带，争取在每个区段里规划一块区域。

六、大连滨海路海陆界面设施规划

1. 大连滨海路海陆界面设施现状

大连滨海路海陆界面共有 30 多个观景平台，覆盖了沿线各区段主要景点，每个观景平台附近都设有多个停车位供游人停车。对大连滨海路海陆界面沿线观景平台进行调查存在如下问题。

① 座椅数量不足。全线没有设置饮水器和紧急救护点。

② 无遮阴树或遮阳挡雨设施。

③ 停车位设计简单，停车空间没有充分利用、绿化量少、无照明设施。

④ 小商铺在景区相对较多，在其它地段几乎没有。

⑤ 全程 32 公里的滨海路，全线只有几处公共厕所。随着滨海路海陆界面人行木栈道的建设完工，到滨海路海陆界面观光旅游的中外游客急剧增加。市民和游客普遍反映到滨海路海陆界面观光最难的事情莫过于上厕所。

2. 大连滨海路海陆界面设施可持续规划

① 游客中心：大连滨海路海陆界面景区应在主要景点和重要节点处，设立游客集散中心，为游客提供可持续的全方位服务。

② 餐饮网点：有高档餐饮场所、海鲜美食大排档，外围的商业餐饮场所，风情酒吧一条街、特色海鲜餐厅等餐饮类场所。景区内各种餐饮类场所配置齐全，可以满足不同口味的游客的基本需求。但是在海之韵公园、棒棰岛景区、石槽景区、燕窝岭景区周围餐饮网点稀少，给游客带来不便。这些问题在下一步可持续详细规划中应适当考虑解决。

③ 购物网点：大连滨海路海陆界面各功能区都要设置一定数量的购物网点，为游客提供便捷的服务，也可为景区维护提供相应收入。

④ 景区运动娱乐设施：大连滨海路海陆界面旅游区内须配置相应数量的娱乐设施和特定场所。整个滨海路海陆界面景区，应修建健身路径和健康提示牌，间隔配置一些健身运动器材，打造滨海路海陆界面健身运动长廊。应在相应景点内增加观景平台和亲水平台，保证当地居民和旅客的观海和亲水活动。

⑤ 交通设施：大连滨海路海陆界面海岸线狭长，需要配备电瓶车，为游客的出行提供方便。沿途设置电瓶车停放站，游客凭票上车。停车场、游船码头、船舶停靠港都应当选择易于建设、防风的地段。

⑥ 景区标识系统：在现有海陆界面广场中设置相关介绍牌或标志碑，让人们在游览中了解建设历史和建设原因。

七、大连滨海路海陆界面夜景规划

1. 大连滨海路海陆界面夜景现状

① 北段——从棒棰岛到东港商务区：海之韵公园夜间关闭，所以只要满足车行光照即可。棒棰岛景区是大连的国宾馆所在位置，除了大门入口处光照较低，其它区域基本满足正常光照要求。

② 东段——从老虎滩海洋公园到棒棰岛：棒棰岛到老虎滩海洋公园的滨海路灯光昏暗，局部节点也未设置光源，不能满足游人出行光照。老虎滩海洋公园晚上关闭，外围连接市政道路，满足游人及车行光照。

③ 南段——从傅家庄公园到老虎滩海洋公园：满足车行和游人出行的基本要求。

④ 西段——从星海广场到傅家庄公园：傅家庄公园到星海广场是滨海路最短的一段路程，因连接星海广场繁华区域，所以车流量比较大，光照充足。星海广场上不同功能区光照强度也不同，安置相对合理。

2. 大连滨海路海陆界面夜景可持续规划

(1) 大连滨海路海陆界面城市夜景与空间照明的关系

规划大连滨海路海陆界面空间照明时，要分清它在整个城市照明体系中的位置和起的作用，利用线形照明和海陆界面公园的照明，及从周边街区到海边道路的照明进行设计。夜晚的灯光系统对海面起着映像作用，选择合适的视点场和适合观赏对象特征的照明方法是本书研究的重点。城市海陆界面夜景照明规划设计，要结合需要照明的空间、对象、背景进行详细考虑，打造有层次的灯光效果。

(2) 大连滨海路海陆界面人的活动与空间照明关系

夜色的迷离，灯光的摇曳，海边自然成为人们进行交流的好地方，海陆界面夜景中的活动是丰富多彩的，比如在星海广场和虎雕广场眺望夜景、漫步、进行娱乐休闲活动等。针对不同的活动，做相应的灯光可持续规划设计，例如可以选用太阳能灯，白天收集阳光能源，晚上进行照明。

第三节　大连滨海路海陆界面可持续详细规划

大连滨海路海陆界面可持续详细规划设计，要充分发掘地域风情和生态文化，明确设计主题，统筹考虑景观。对于滨海城市来说，“海文化”是永恒的主题，在设计中以海洋元素为设计意向。

一、星海广场—傅家庄公园西段规划

1. 可持续材料选择与运用

大连滨海路海陆界面星海广场—傅家庄公园西段应用了以下几种可持续技术：资源回收技术（分类垃圾箱）、新能源利用技术（太阳能路灯、太阳能建筑）、面式种植护坡技术、土壤生物护坡技术、植物规划技术、污水处理技术、环保材料使用技术、水资源利用技术等。

2. 星海广场—傅家庄公园西段空间划分

大连滨海路海陆界面星海广场—傅家庄公园西段有保留的山体公共空间、风景游览空间、休闲度假空间、商业购物空间、海上游乐空间、滨海公共活动空间（图 4-31）。滨海路沿线各类节点剖面图绘制如图 4-31，其它几段不再重复绘制。

3. 星海广场—傅家庄公园西段设计方案规划理念

此段海陆界面的主要功能为休闲娱乐（星海广场、傅家庄公园）、海上游乐

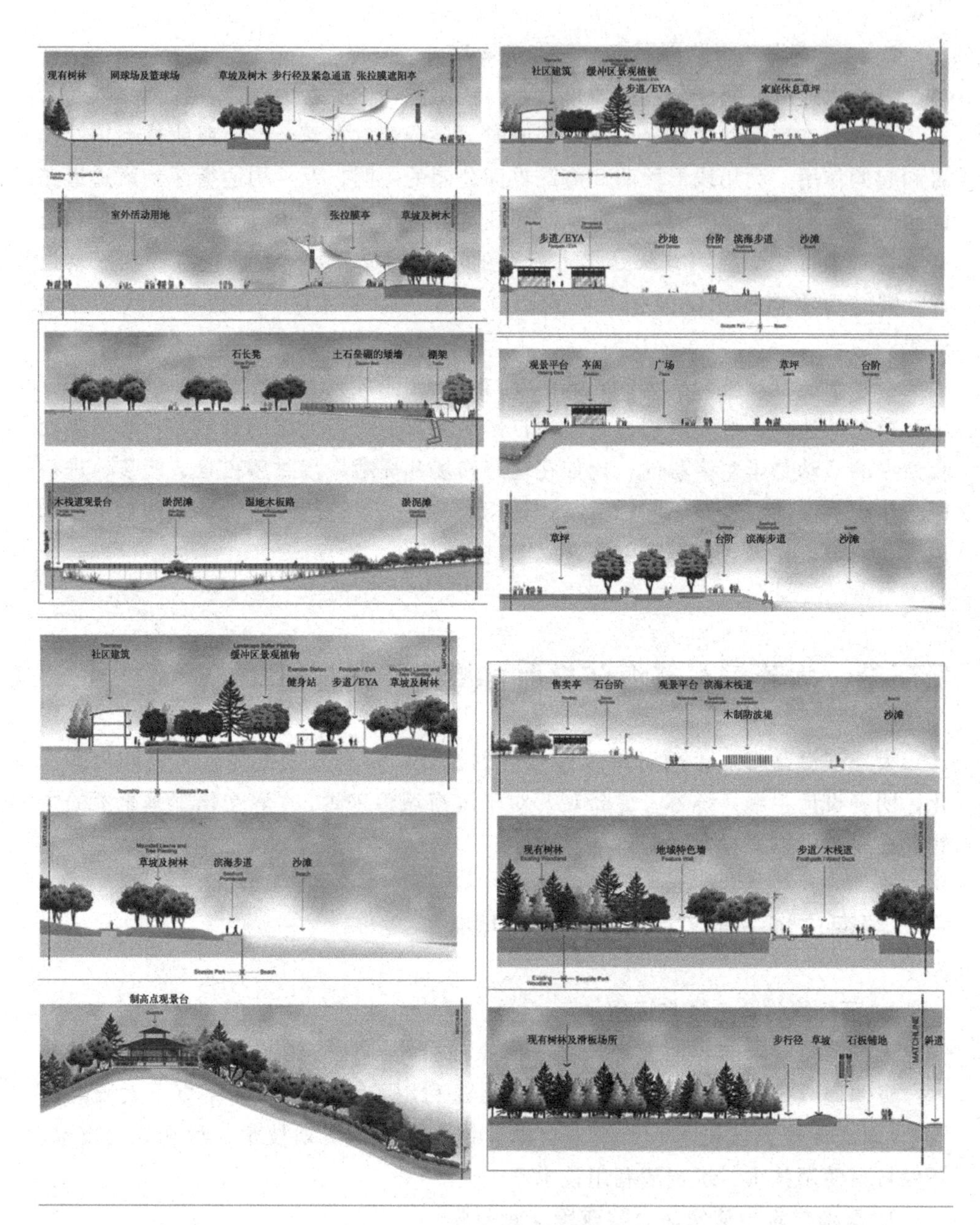

图 4-31　各区段各个位置剖面图（改绘）

（星海广场、傅家庄公园）、旅游度假（银沙滩度假区）、山体游览（大连森林动物园），以及供本地市民及游人漫步游览的木栈道。交通规划以安全性为本段规划设计的重点，力求道路与山海自然特色环境相融合。环境方面则要加强本段自然生态环境保护和城市特色景观的维护，体现可持续生态景观合理发展的空间景观规划设计理念。

4. 星海广场—傅家庄公园西段规划设计原则

充分利用保护大连滨海路海陆界面山海自然景观资源，合理组织与引导本段区内自然生态景观视线，最大化展示城市、山、海自然景观相融的视觉走廊。海陆界面自然生态景观空间的组织应注重整体、连续等行车视觉规律。结合景观视线的规范及现场要求，对两侧地形和植物配置进行局部调整。在滨海路海陆界面车行道路沿线的景观视线视角处，设置观海、观山休息平台，形成合理并且适合游人休息和驻足的景观空间。在车行道路视线的对景区域，种植多种以自然植物群落为主的对景植物，同时丰富沿线的自然绿化景观。在景观空间营造上，应选择维护成本低、便于可持续利用的材料。

5. 星海广场—傅家庄公园西段设计实施

星海广场是大连最大的广场（图 4-32），广场中心主要有人行道路、绿化模纹植物和音乐喷泉，靠近海边更有大型的雕塑以及多处供不同人群娱乐休闲的活动空间。但是由于广场过大，没有种植高大的乔木，游人在夏天无法找到遮阴处，而轴线上布置的座椅相对较少，也导致很多游人找不到可供休息的座椅，而选择在路牙石边休息。如何解决这些问题，需要根据规范在广场游人众多的地方，多设置休息座椅，并且在座椅处栽植可以遮阴的落叶大乔木。

图 4-32　大连星海广场

金沙滩段不仅有旅游度假村，还有海滨浴场及赶海区，也有国内首座海上地锚式大跨度悬索桥，是大连市新的地标式构筑物。大桥全长共 6800 米（图 4-33），它的建成不仅方便了交通，也成为游人打卡的新景点。跨海大桥的建成，对缓解城市交通压力，起了很大的作用，但与此同时汽车尾气、人为垃圾都会对此区域造成海洋生态环境污染。故政府对此要大力加强监管，不能因为交通，而毁坏了原本和谐的生态环境。

图 4-33 跨海大桥实景图

① 银沙滩、大连森林动物园：2016 年 7 月 12 日政府对银沙滩海陆界面进行环境整治，为了给市民留出更多亲海空间。此次改造有 30 多处违建被拆除、500 米延长围墙不复存在、150 吨渣土被清走，1.2 万平方米的场地被平整。目前银沙滩海滩上铺满鹅卵石，但对于老人、孩子依旧有吸引力。夏天此段海岸线、浴场附近停车位紧张，银沙滩浴场附近新设立了 300 多个停车位暂时满足了市民需求。

大连森林动物园占地面积 7.2 平方公里（图 4-34），规划面积 180 公顷，绿化覆盖率是滨海路海陆界面西段最高的区域，大连森林动物园主要由圈养区和散养区两部分组成，圈养区主要由大型食草动物区、狮虎山区、灵长类区、熊山区、亚洲象馆、综合自然保护区、园外园等园区组成；散养区则由步行区和动物放养区组成。两园区由全长 1200 米的空中索道连接，可供游人快捷方便通行并可高空俯瞰。

图 4-34 大连森林动物园

银沙滩和大连森林动物园分布在西段一个区域内，银沙滩在滨海路以南，与大海紧密连接，大连森林动物园在道路以北，与山体融合在一起。2016 年，对大连森林动物园进行了整体维护升级改造。总体来说，此区域内动物与植物能和谐共存，就是对此段最好的生态保护。

② 傅家庄公园：位于滨海路海陆界面西段风景区，公园面积大约有 40 万平方米（图 4-35）。傅家庄公园也是大连市四大海水浴场之一，海陆界面岸线长约 450～1200 米，海滩平均宽度为 32 米，坡度 8.9%，沙质细腻，水质良好。公园内建有更衣及淋浴场所，面积大约 2700 平方米，为游客提供了便利。广场面积大约 5000 平方米，为市民提供休闲锻炼场所。该浴场视野通透、设施齐全，成为大连市著名的海上游乐中心。

图 4-35　傅家庄公园

小傅家庄海水浴场紧邻傅家庄公园，作为大连市政府重点民生项目，2017 年对小傅家庄海水浴场进行环境整治，于 2018 年竣工完成（图 4-36）。

对小傅家庄海水浴场进行改造以去除商业建筑还原生态为原则，拆除 1.2 万平方米私搭乱建的建筑。该景区由山体、森林、海岛、礁石、海滩等景观组成，自然景色优美，礁石特色尤为突出（图 4-37），是市民和游客赶海、亲海、观海的理想场所。

小傅家庄海水浴场大致分为南北两部分，北部为山体公园部分，北部道路连接滨海中路；南部为滨海海陆界面区域，海陆界面全长约 700 米，退潮时海水后退几十米，是市区居民赶海的首选之地。为把海陆界面区域尽快地清理出来，拆除私搭乱建建筑后，出现了毛石挡土墙裸露、原有礁石破坏严重、防浪堤损坏等

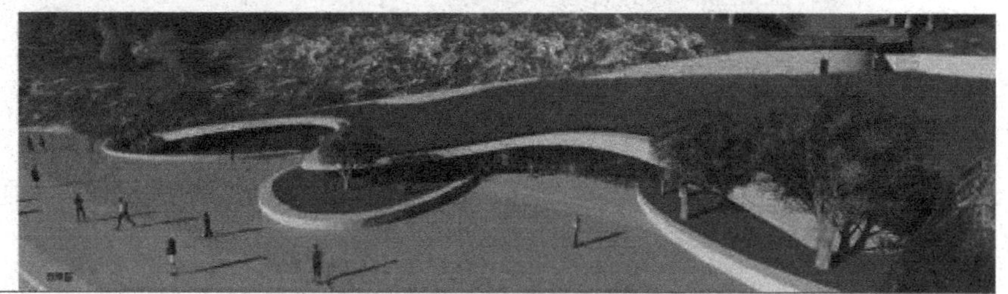

图 4-36　小傅家庄海水浴场改造设计方案

遗留问题（图 4-38），极大地影响了海水浴场的自然生态景观，同时也给市民及游人亲海、观海带来了安全隐患。

小傅家庄海陆界面海水浴场环境综合整治工程是以去私搭乱建商业建筑，还原自然生态为原则，以恢复生态为第一要务。为了让人们重新看到小傅家庄海陆界面自然山海的原貌，同时为当地居民和游人提供安全、优美的亲海环境，遂对此区域进行环境升级改造。在小傅家庄海陆界面滨海环境整治工程中，在修复浴

图 4-37　小傅家庄特色礁石

图 4-38　海陆界面拆除私建后遗留整治

场自然生态环境、消除浴场存在的安全隐患、完善浴场服务设施功能的同时，可使大小傅家庄海陆界面海水浴场贯通成整体，有效扩大大小傅家庄海陆界面海水浴场及公园使用面积，缓解大傅家庄公园在旅游旺季接待游客的压力，为市民游客创造更加优越舒适的亲海环境，是一项提升大连城市整体形象、服务市民的优秀民生工程。经过科学的设计改造，小傅家庄海陆界面海水浴场已经成为市区又一处高质量的集亲海、赶海、休闲与观光于一体的旅游胜地。

小傅家庄海陆界面海水浴场也配备并完善了服务功能。主要完善项目包括停车场、公共卫生间、救援、淋浴、室外独立更衣间、广播、咨询、医疗救援等公共设施；连通傅家庄海陆界面及山体区域路网。修建山体公园木栈道，打通滨海通道的设计，使大小傅家庄公园路网贯通成一个整体，同时多个次入口的设计更加方便游人进出公园；景观重新整合很好地体现了大连的海洋文化特色。此次海陆界面空间规划设计还增加了固定赶海区域，改善了傅家庄乃至滨海路的特色滨海文化休闲空间；贯通后的山体公园，不仅增加了游人体验的路径，同时做到人车分流，注重开敞性和私密环境空间的营造。

小傅家庄海水浴场海陆界面环境整治工程总体方案是以去商业建筑还原自然生态为设计的切入点，将小傅家庄海陆界面海水浴场分为入口区、山体公园区、海陆界面景观带西段、海陆界面景观带中段、海陆界面景观带东段五大功能区。

改造中首先对场地东西两侧入口及道路进行更新再设计。由于场地地势特殊，现状道路坡度较大，为了有效防止地面过滑，将原有沥青路面更换为用花岗岩马蹄石铺地，不仅景观效果好，还增大了地面摩擦系数，保障了游人及行车安全；同时只允许车辆停放在固定停车场，严禁驶入滨海海陆界面区。入口广场中间增加绿岛，绿岛中设置明显的标志性景石，营造出入口氛围，提高了此区域场所的标识性。入口附近有三处错层平台被设计为停车场，有效解决私家车停车难问题（图 4-39）。

图 4-39　错层平台施工现场

山体公园部分植被覆盖率良好，设计方案中将对原生态林进行维护修剪，使更多光线照射至下层空间，促进地被植物更好地成活生长。入口及入口道路两侧是用植物改造的核心区域，通过精细化的植物营造，满足从行人视角观赏植物，同时也便于改善整体景观环境。场地内部有人行木栈道，整体连接不够连贯，且很多路段已破损，改造施工中将更换破损路段木栈道，根据现场场地情况，将木栈道进行连通，让来此地的游客有全新的体验。

滨海海陆界面景观带西段被设计为观海区，此段落与傅家庄海水浴场联系最为紧密，主要承担连接傅家庄公园和小傅家庄海水浴场的功能，在方案深化过程中，将毛石挡土墙以层级坡地绿化的形式进行生态修复，近海侧设计观海区，此处将成为观赏海中岛屿和礁石的最佳观赏点之一，同时保留垂钓区域。另外，此处防浪堤缺少维护，堤面基础和压顶部分已经破损。设计方案中将对防浪堤进行重新维修加固，保障安全。

滨海海陆界面景观带中段覆土服务区功能齐备，此段是小傅家庄的中心活动景观区，退潮后，礁石滩上有各种海洋生物出现，吸引了大量市民前来赶海游玩。设计方案中将岸边的烧烤建筑及遮阳棚拆除，有效扩大了沙滩面积，同时在山体毛石挡土墙处设计覆土建筑，既能满足游人如厕、更衣、淋浴等服务需要，而且与周边环境协调统一。

滨海海陆界面景观带东段广场部分增加以常绿灌木为主的自由式绿岛，此区域海陆界面东段广场面积相对最大，防浪堤以混凝土灌注为主，局部设置两米宽的亲海台阶（图 4-40），下面与礁石滩自然相接，主要是方便人们亲海及为婚纱摄影提供视景宽阔的通道（图 4-41），本次改造方案，充分考虑来此地拍摄婚纱照的人群的实际需求，将亲海台阶以景观绿化的形式出现，使之与环境很好地融

图 4-40　广场与沙滩以楼梯连接

合在一起。山体毛石挡土墙部分以覆土建筑结合生态种植绿化为主（图 4-42），满足人们如厕、更衣、淋浴等基本需求，中间穿插无障碍通道。广场部分增加自由式绿岛后，不仅形式上美观，同时也美化环境，还能作为马拉松比赛、徒步大会、啤酒节等分会场，增加文化性和参与性。

图 4-41　亲海廊道

图 4-42　建筑上覆土栽植绿化

6. 星海广场—傅家庄公园西段绿化景观规划原则

为了打造具有地域特色的滨海海陆界面生态植物景观，经过调研考察，为了丰富四季景观和生态植物群落营造，每个区域尽量按照以本土树种为主，引进外来树种为辅的原则，进行绿化调整。落叶与针叶树种按比例进行局部调整，用大乔木、灌木、地被植物分层绿化，丰富景观层次。滨海一侧植物绿化须保证看海视线的通透性，控制植被的高度。临山一侧将山林裸露的黄土部分全部用绿化进行遮挡。人行栈道一侧种植庇荫大乔木，营造游览线路的舒适环境。山体绿化的重点是改造单林和疏残林，营造复层混交生态风景林。

7. 星海广场—傅家庄公园西段节点设计规划

星海广场是大连滨海路的起点，也是大连最大的广场。广场设计主要注重景观节点的过渡和对周边环境设施的维护。从星海广场进入滨海路，景观空间序列依次为牦牛广场、跳舞少女、金沙滩、金银园、银沙滩、大连森林动物园、傅家庄公园。此段节点设计相对饱满，游人、市民步行 30 分钟左右，都会进入城市景观节点。唯一不足是路上卫生间分配不够均匀，并且在金沙滩附近有一处卫生间是禁止使用的。

各节点植物设计：此段滨海路植物配置上还是以本土植物为主，外来植物为辅，搭配模纹、剪型球类、地被植物。2011～2022 年期间，植物搭配上没有太大变化，应考虑在植物丰富度上再进行详细规划设计。

观景台设计：滨海路海陆界面各节点之间重要景观视角处均设置观景平台，为了让游客更好地观赏滨海路西段沿线的自然山海景色，为临时观景提供停车、观景的空间（图 4-43）。观景平台的位置、规模、形状依地形条件不同而进行合理设置，并与道路及人行木栈道自然相连。景观平台的栏杆和地面的铺装材料均采用防腐木，石材多为灰色花岗岩及绿色植草方砖，保持自然及视觉效果的连续性，增大绿植量。平台附近绿化以简洁、不阻挡视线及遮阴为主要目的。

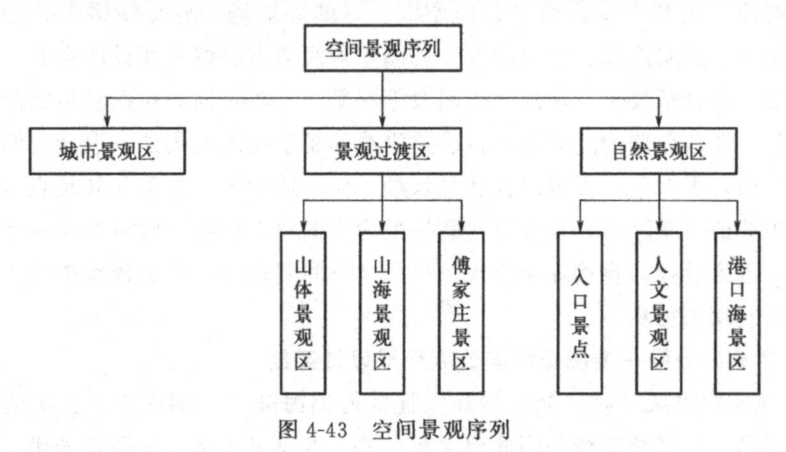

图 4-43　空间景观序列

二、傅家庄公园—老虎滩海洋公园南段规划

1. 可持续材料选择与运用

大连滨海路海陆界面傅家庄公园—老虎滩海洋公园南段应用了以下几种可持续技术：资源回收技术（分类垃圾箱）、新能源利用技术（太阳能路灯、太阳能建筑）、面式种植护坡技术、土壤生物护坡技术、植物规划技术、污水处理技术、环保材料使用技术、水资源利用技术等。

2. 傅家庄公园—老虎滩海洋公园南段空间划分

大连滨海路海陆界面傅家庄公园—老虎滩南段有保留的山体公共空间、滨海绿化空间、风景游览空间、休闲度假空间、休息游赏空间、商业购物空间、海上游乐空间。

3. 傅家庄公园—老虎滩海洋公园南段设计方案规划理念

此段海陆界面空间有山体公共空间（燕窝岭婚庆公园）、滨海绿化空间（燕窝岭婚庆公园）、风景游览空间（燕窝岭婚庆公园）、休闲度假空间（老虎滩海洋公园）、休息游赏空间（老虎滩海洋公园、虎雕广场）、商业购物空间（老虎滩海洋公园）、海上游乐空间（虎雕广场）。休闲娱乐空间节点合理串联为本段规划设计的重点，力求道路与休闲娱乐空间合理分配。加强对本段自然生态环境的保护和维护，体现可持续生态景观合理发展的空间景观规划设计理念。

4. 傅家庄公园—老虎滩海洋公园南段设计原则

傅家庄公园—老虎滩海洋公园南段最重要的是充分保护大连滨海路海陆界面山海自然景观资源及人文景观资源。在符合景观规划的前提下，设计本区段内的交通路线，合理设计自然生态的景观视线廊道，最大化展示城市、人文、山海相接的自然景观。海陆界面自然生态景观空间的组织应注重整体、连续等人行及行车视觉规律。尤其要注重城市公园空间——滨海浴场、燕窝岭婚庆公园、北大桥、鸟语林、虎雕广场、老虎滩海洋公园等景观节点路线沿线设施布置。结合景观需求及现场分析要求，增加卫生间及停车场，并对其周边地形和植物配置进行局部调整。在滨海路海陆界面车行道路沿线的景观视线汇集处，设置观海和观山景休息平台，平台上应设置座椅和垃圾桶，使其适合游人休息和驻足观景。在车行道路视线的对景区域，设置以自然搭配为主的对景植物，同时引用一些应季花卉品种，丰富沿线的自然绿化景观。在景观空间营造上，应选择维护成本低、便于可持续利用的材料。

5. 傅家庄公园—老虎滩海洋公园南段设计实施

① 燕窝岭婚庆公园：燕窝岭在大连滨海路海陆界面的中段，上山的石阶道路曲径通幽。取名燕窝岭是因此地常有一些黑燕飞来筑巢。此区域悬崖、岩礁繁

多，是探险和垂钓的理想场所。

燕窝岭婚庆公园现在是以婚庆为主题的公园，是大连当地新人来此地拍婚纱照的最佳选择之一。站在燕窝岭，向东可望见老虎滩自然优美的风景，向西可看到大小傅家庄公园和海中散落的小岛，碧海蓝天，景色壮观。燕窝岭海陆界面很多部分都是以悬崖峭壁为主，燕影如梭，涛声阵阵，海天一色的壮丽景色美不胜收。燕窝岭婚庆公园从入口处，就处处体现着婚庆、爱情这些景观元素（图 4-44、图 4-45），无论雕塑小品还是自然树木修剪出来景观无不体现婚庆特色。因燕窝岭的山崖下面就是烟波浩瀚的大海，山海相间，浪涛声不绝于耳，所谓的“山盟海誓”应该就是应了爱情的主题。

图 4-44　爱情宣誓台

图 4-45　爱情锁

从燕窝岭婚庆公园出来沿着滨海路向东行可至北大桥、虎雕广场、老虎滩海洋公园。因沿途自然景色秀美，让来此地的游客，流连忘返。

但是因为燕窝岭设置入口，很多游人不愿意进入游览，所以进入园区会发现游人很少，始发站为火车站的旅游班车，遇景则停，却很少有人愿意在这里下车，来此地的，大多因为它是一个婚庆主题公园，拍照后却再也不愿意多走几步深入其中，看看密林深处有什么，山海相连是什么样子。从这一点来说，燕窝岭婚庆公园单纯以婚庆为主题，会让很多游人打消来此地游玩的兴致，所以考虑更换其主题，扩大其功能性，是燕窝岭婚庆公园将来所面临的选择。

② 北大桥：1984 年 5 月开工修建，1987 年 5 月竣工，历时三年正式通车。北大桥全长 228 米，为三跨钢悬索桥，主桥跨度 132 米，桥边跨 56 米，桥宽 12 米，其中车行道 9 米，人行道两侧共 3 米，桥上双向两车道。三跨悬索桥，跨径为 264 米，加劲梁为钢桁架，桥体举架高 3 米，主塔为钢箱截面，混凝土重力锚锭。白色桥钢架及雄伟的桥台，远看去像展翅的雄鹰连接着长长的主钢索，吊索使平展的桥面穿狭谷而过，气势雄伟（图 4-46)。

图 4-46　北大桥

西侧桥头靠海一侧位置，步行大约 20 米就到达悬崖边，悬崖边上未安装防止游人落下的防护设施，存在非常大的安全隐患。应设置木质护栏和提示牌，提示此处应小心经过。桥西侧设置了自动收费停车场，调查时，未见一辆车停在此地，大多数私家车车主依旧选择停在停车场附近的道路边上，因北大桥周边没有太多能让人停留时间过长的游览地，所以停车场设置欠缺考虑。鸟语林至北大桥之间，无公共卫生间，穿过桥向前 300 米提示有卫生间，但是抵达之后，厕所门紧锁，对于内急的人来说，等同于虚设。过了北大桥继续向东走，就来到了鸟语林和虎雕广场。

③ 鸟语林：坐落在虎滩湾西南的山谷，占地 1.8 公顷。林内放养有白鹭、

孔雀、鹦鹉、百灵鸟、画眉鸟等一千余只鸟禽，它们“和平共处”在一个大家庭里。鸟笼内的山石景观、树木皆取之自然，游人在山间行走游玩，可与鸟儿亲密接触，其乐无穷。鸟类表演场内为游客准备了驯鸟表演，有鹦鹉走钢丝、爬云梯、骑自行车、开火车、开飞机等十几个精彩节目。

经过训练的孔雀，展翅飞翔，令游客叹为观止，鸟语林里有许多是国家级保护的珍奇鸟类。中国有个成语叫“百鸟朝凤”，当你走进鸟语林，鸟儿们会立刻飞绕盘旋在你的身边，一展歌喉和舞姿（图 4-47）。

图 4-47　大连鸟语林

④ 虎雕广场：是大连老虎滩海洋园所辖的一处著名景点，位于大连市南部海陆界面滨海风景区中部（图 4-48）。广场总面积大约为 15700 余平方米，是在全国最大的花岗岩石雕——群虎雕塑的基础上修建而成的。群虎雕塑由我国著名美术家、雕塑家韩美林先生设计。6 只形态各异的石雕老虎，仰天长啸，面向东方，虎虎生威。虎雕广场以抽象群虎雕塑为依托，整体呈不规则状，地面铺装火烧板和菊花大理石，呈现出一只上山老虎的图案，13 处不规则景观花坛将虎雕的轮廓衬出。

⑤ 老虎滩海洋公园：位于大连市滨海路海陆界面南部，是滨海路南部最大的自然风景区，也是 4A 级景区，占地面积 118 万平方米，4000 多米长的海陆界面，是中国最大的一座现代化滨海游乐场。园区自然风光秀丽，山海相映，以海

图 4-48　大连虎雕广场

洋元素为主题的景观雕塑小品更能彰显园区的独特性。园内建有极地海洋动物馆、海狮馆、海兽馆，还有中国最大的珊瑚馆，标志性建筑虎雕可供游客观赏，乘坐跨海空中索道、海上快艇，更能欣赏到蔚蓝大海的风光和公园的全貌（图 4-49）。后修建的虎滩酒吧一条街，更能带给游人身心上的放松。

图 4-49　老虎滩海洋公园局部鸟瞰图

老虎滩海洋公园建园已很多年，很多设施及景观存在老化现象，不断修缮和更新设施是其面临的首要问题。虽然有这些问题，但是不影响游人来公园游玩的兴致，随着每年小长假及寒暑假的到来，公园附近的停车问题也成了最不容易解决的问题，停车难、出行难，成为最主要问题。

6. 傅家庄公园—老虎滩海洋公园南段绿化景观规划原则

傅家庄公园—老虎滩海洋公园海陆界面南段应营造独特的以滨海海洋元素为

主的生态风景，使海陆界面绿化景观既满足道路防护需求，又能体现大连独有的滨海海洋文化特色，四季有花，风格独特。全面规划的同时，做到重点突出，根据滨海路南段不同功能区段对绿化的不同要求进行分段主题化，以海洋元素和剪型植物为主，整体效果以海洋波浪树种搭配为特色，还要突出车行视觉交会处的景观效果。尽量保留原有本土树种及植被，落叶与针叶树种相结合，乔木、灌木、地被植物分层绿化，丰富景观层次。滨海一侧重要海景节点区的植物搭配必须保证看海视线的通透性，控制植被的高度。重点体现各种层次植物的质感、形态的变化，局部适当增加植物颜色变化，对前景植物景观进行强化。临山一侧将山林裸露的黄土部分全部用地被植物遮挡。人行道一侧种植庇荫、耐寒、抗盐碱的落叶大乔木，改善游览线路小环境。山体绿化的重点是改造单林和疏残林，营造复层混交生态林。

7. 傅家庄公园—老虎滩海洋公园南段节点设计规划

此段以小傅家庄海水浴场南侧为起点，道路入口因与市政道路有区别，自驾游客要注意此段标识，以防进入市区的市政道路。“小傅家庄海水浴场—燕窝岭婚庆公园—北大桥—鸟语林—虎雕广场—老虎滩海洋公园”一段的整体道路维护不错，但是局部停车难、弯道多，会有驾车风险。此段节点是南段景点最多的一段，但是游客分布不集中。虎雕广场及老虎滩海洋公园，高峰期游人众多。燕窝岭婚庆公园、北大桥游人相对较少。所以对于参观游览人群多的景点，需要加强设施的定期维护，游人相对较少区域，需加强其主题多元性来吸引更多游客参观游览，从而缓解各节点人群分布不均问题。

（1）傅家庄公园—老虎滩海洋公园南段设计要点

景观空间主题序列设计是此段需要重新调整和把控的。停车场设置不合理，也是此段需要着重改造的。局部区段道路需要拓宽来缓解高峰期道路拥挤的状况。景观绿化多加入海洋元素和剪型植物，起到点睛的作用。各重要节点入口标志及小品的设计，须升级其质量及视觉效果。

（2）傅家庄公园—老虎滩海洋公园南段观景台设计

此段还需要合理增加观景平台，并且要在观景平台附近增加停车位的数量。滨海路的宽度只有 5 米，很多私家车想停下观看自然风景，却因为找不到合适停车位，不得不离开观景平台。观景平台配套设施有待增加，如分类垃圾桶、自动饮水器、座椅、遮阳避风设施等。

三、老虎滩海洋公园—棒棰岛东段规划

1. 可持续材料选择与运用

大连滨海路海陆界面老虎滩海洋公园—棒棰岛东段应用了以下几种可持续技

术：资源回收技术（分类垃圾箱）、新能源利用技术（太阳能路灯、太阳能建筑）、面式种植护坡技术、土壤生物护坡技术、植物规划技术、污水处理技术、环保材料使用技术、水资源利用技术等。

2. 老虎滩海洋公园—棒棰岛东段空间划分

大连滨海路海陆界面老虎滩—棒棰岛东段有保留的山体公共空间、滨海绿化空间、风景游览空间、休闲度假空间、休息游赏空间、商业购物空间、海上游乐空间、植被恢复空间。

3. 老虎滩海洋公园—棒棰岛东段设计方案规划理念

此段海陆界面空间有山体公共空间（棒棰岛风景区）、滨海绿化空间（棒棰岛风景区）、风景游览空间（石槽风景区）、休闲度假空间（石槽风景区）、休息游赏空间（石槽风景区、渔人码头）、商业购物空间（渔人码头）、海上游乐空间（棒棰岛风景区、石槽风景区）。休闲娱乐空间节点合理串联为本段规划设计的重点，力求道路与休闲娱乐空间合理分配。加强本段的自然生态环境保护和维护，体现可持续生态景观合理发展的空间景观规划设计理念。

4. 老虎滩海洋公园—棒棰岛东段设计原则

本段景区内自然生态景观视线良好，最大化展示景区内的山海自然景观，是该段的核心原则。老虎滩海洋公园由于建园早，到目前为止园区内局部已有破败脱落迹象，须重新进行修缮。园区内功能组织合理，适合游人游玩。棒棰岛景区自然风景优美，海岸线设施完善，适合人们来此放松、垂钓、游泳。结合景观视线的规范及现场分析要求，对老虎滩海洋公园和棒棰岛景区植物配置进行局部的调整。在滨海路海陆界面车行道路沿线设置观海、观山景休息平台，形成合理并且适合游人休息和驻足的景观空间。在车行道路视线的对景区域，栽种以自然植物群落为主的对景植物，同时丰富沿线的自然绿化景观。在景观空间营造上，选择维护成本低、便于可持续利用的材料。

5. 老虎滩海洋公园—棒棰岛东段设计实施

① 渔人码头：渔人码头位于大连中山区滨海路海陆界面的虎滩渔港内，老虎滩海洋公园东侧，码头北临滨海路，南部是黄海，东西两侧均为茂密植被覆盖的山体，山海相依，码头内地理条件优越，自然景色十分优美，是当地人喜欢的一个网红打卡地。渔人码头占地面积大约 6 万平方米。东西海陆界面岸线长 480 米，南北海陆界面岸线长 500 米，拥有长达 1768 米的海陆界面，西侧和东南角区域有天然特色礁石群，海里有一条长约 280 米的栈桥，走到尽头是一座灯塔（图 4-50）。渔人码头是一处集观光、娱乐、文化、餐饮、购物、度假等多功能于一体的综合性特色主题商业区。

下午 5 点到晚上 7 点的时候，可以看到大量的渔船在码头停靠，当地居民和游客可以在此地直接购买最新鲜的海鲜产品。在落日余晖下漫步，面对夕阳洒向

图 4-50　渔人码头灯塔

的大海、唯美的建筑和停泊在渔港里的渔船、浪漫并带着情调的书店、美味的海鲜。这就是位于大连最大旅游城市渔人码头景区，整个景区由海昌集团投资数亿元建造，将其打造成了一个以欧洲建筑为主的渔人码头小镇（图 4-51）。

图 4-51　渔人码头夜景

每天整点时间，渔人码头的大钟就会叮叮当当响起，洪亮的钟声提醒着来此地游玩的人们，珍惜这美好且短暂的欢愉时光。渔人码头的建筑及景观设计理念源自欧美，代表的是一种怀旧式的休闲风格，一种港埠特有的市井文化，一种平民化的自娱自乐，一种带着丝丝回忆的欧洲风情。在欧美国家，有许多非常著名的渔人码头（图 4-52），如美国旧金山的渔人码头、加拿大蒙特利尔的渔人码头、

图 4-52　渔人码头

英国利物浦的渔人码头等。

渔人码头虽然很美，但是美中不足就是停车难。停车位有限，导致很多自驾游客因无法停靠，而被迫离开景区。如果想解决此问题，可以考虑在此处修建立体停车场。

② 石槽风景区：渔人码头的下一个景点是大连市石槽风景区，距市中心 7.5 公里，石槽风景区北部山地起伏平缓，海陆界面曲折有致；海滩呈自然的半弧线形状，视野十分开阔，是登山观海，欣赏日出日落美景的胜地。这里也是很多喜爱垂钓的人，爬上海边高高的山崖垂钓的地方（图 4-53）。

图 4-53　石槽风景区

石槽风景区虽然面积不大，但是来此游玩的人很多，停车相对比其它景区方便，但同时也面临着车位少的问题。场地局部高差较大，景观花坛上的钢板有尖角出现，存在安全隐患。沙滩及山林地都存在垃圾乱丢的现象，这也造成海陆界面脏乱差现象，定期维护此处环境卫生是石槽风景区的第一要务。

③ 大连棒棰岛景区：棒棰岛区域有长达2.3公里的海陆界面，海水清澈，风景秀丽。海滩分为细沙区和卵石区，为游人提供不同选择。海陆界面对面的海水里是棒棰岛，它成为棒棰岛海陆界面景观中的点睛之笔。棒棰岛海滨优美的风景，以及安静的环境，每年吸引过万游客前往休闲避暑，是集住宿、餐饮、会议、高尔夫球、网球、温泉等项目于一体的休闲之地（图4-54）。

图4-54 棒棰岛

6. 老虎滩海洋公园—棒棰岛东段绿化景观规划原则

老虎滩海洋公园—棒棰岛东段因为节点不同，所以要依据不同的节点功能需求，运用不同的绿化设计理念。老虎滩海洋公园和棒棰岛景区植物要符合大连地域特色滨海海陆界面生态的植物设计，根据不同园区功能进行合理的植物设计，游览区植物的设计要符合景区设计需求。景区滨海一侧的植物绿化须保证看海视线的通透性，控制植被的高度。两处景区植物以落叶和针叶混合为主，营造自然生态园林。

7. 老虎滩海洋公园—棒棰岛东段节点设计规划

老虎滩海洋公园—棒棰岛东段节点规划设计中，棒棰岛景区、老虎滩海洋公园区域需注意滨海路沿线适当增加停车位及休息设施，老虎滩区域人流高峰期时还需加强交通管理。

四、棒棰岛—东港商务区北段规划

1. 可持续材料选择与运用

大连滨海路海陆界面棒棰岛—东港商务区北段应用了以下几种可持续技术：资源回收技术（分类垃圾箱）、新能源利用技术（太阳能路灯、太阳能建筑）、面式种植护坡技术、土壤生物护坡技术、植物规划技术、污水处理技术、环保材料使用技术、水资源利用技术等。

2. 棒棰岛—东港商务区北段空间划分

大连滨海路海陆界面棒棰岛—东港商务区北段有保留的山体公共空间、滨海绿化空间、风景游览空间、休闲度假空间、海上游乐空间、商务商业区、住宅区。

3. 棒棰岛—东港商务区北段设计方案规划理念

此段海陆界面空间有山体公共空间（海之韵公园）、滨海绿化空间（海之韵公园）、风景游览空间（燕窝岭婚庆公园）、休闲度假空间（东港商务商业区）、商务商业空间（东港商务商业区）、海上游乐空间（东港商务商业区）、住宅空间（东港商务区）。休闲娱乐空间节点合理串联为本段规划设计的重点，力求道路与休闲娱乐空间合理分配。环境方面则要加强本段自然生态环境保护和维护，体现可持续生态景观合理发展的空间景观规划设计理念。

4. 棒棰岛—东港商务区北段规划设计原则

要充分利用大连滨海路海陆界面山海自然景观资源，合理组织与引导本段区内的自然生态景观视线，最大化展示城市、山、海自然景观相融的美丽风景。海陆界面自然生态景观空间的组织应注重整体、连续等行车视觉规律。结合景观视线的规范及现场要求，对两侧地形和植物配置进行局部调整。在滨海路海陆界面车行道路沿线的景观视线视角处，设置观海、观山休息平台，形成合理并且适合游人休息和驻足的景观空间。在车行道路视线的对景区域种植以自然植物群落为主的对景植物，同时丰富沿线的自然绿化景观。在景观空间营造上应选择维护成本低、便于可持续利用的材料。

5. 棒棰岛—东港商务区北段设计实施

① 海之韵公园：大连海之韵公园（图 4-55），原来的名字是东海公园，位于大连海陆界面海滨风景区的最东部，占地 450 余公顷，公园两面临海，北与大连市中山区相接，西南部紧邻棒棰岛风景区，公园风光秀丽，景色宜人，有很多独特的自然景观，海陆界面岸线长达 1200 余米，是以山体、森林、碧海、草地等为主要自然景观的海滨公园。在海之韵公园长长的游览路线上有两处景点：一是盘旋跨过山岭的十八盘（图 4-56），景观奇特，居高临下，路面好似飘舞的银丝带，素有“海底大峡谷”之称；二是翻过十八盘之后叫“怪坡”的景点，那里汽车上坡与下坡呈反常状态，很多游人都是为了见证此奇怪现象而到此一游。海之韵公园，年游客量达 30 万人，是集观光、休闲、运动健身、垂钓、游泳于一体的现代自然滨海公园。

2009 年因修建东港商务区，海之韵广场归到东港开发区域。原广场大型抽象龙雕塑也被移走。但是其独特的山体景观还是完好地保留在景区之内。园区内

图 4-55　海之韵公园海洋景观雕塑

图 4-56　十八盘

景观设施需要升级，停车场面积太小，卫生间少都是公园内需要解决的主要问题。

② 东港商务区：是在大连港东部地区搬迁后，及海之韵广场改造后，经过整合和填海建立起来的（图 4-57）。东港商务区项目总规划用地面积 5.97 平方公里，其中现有陆地面积 2.78 平方公里，填海面积 3.19 平方公里。2009 年初，东港商务区市政工程按照自西向东，先南后北，自上而下的顺序开始逐步建设。于 2010 年 9 月完成国际会议中心及周边 1 平方公里全部市政工程，2010 年底完成了整个区域的道路及市政工程建设。在国际会议中心一侧有一处大型音乐喷泉广场，成为星海广场之后大连的第二大开放性广场。

图 4-57　东港商务区

东港商务区内规划有九横、二十五纵、一环共计 35 条道路，其中主干道 9 条、次干道 16 条、支路 10 条，道路总长 37 公里（图 4-58）。市政工程建设内容含供电、供水、燃气、供热、排水、中水、通信等基础配套设施，以及总长 12 公里的环形地下综合管廊。该商务区是集商务、金融、总部办公、娱乐、文化、体育、旅游、休闲、居住于一体的综合商务区，此区域也被称为大连的中央商务区。

图 4-58　东港海陆界面

国际邮轮母港区：结合大连港客运区运输现状，完善其国际和内陆航运功能，为发展国际邮轮经济提供载体和现代化服务支撑。

金融办公区：为银行、投资公司、法律机构、保险公司、证券机构提供办公场所，为城市经济发展提供现代服务平台。

商务综合区：主要为人民路中央商务区的延伸，并逐次向东部及沿海展开，主要是跨国公司总部、研发机构总部的办公区。

文化娱乐区：可满足预期较大的客流量需要，将休闲、文化娱乐、购物、餐饮和滨海活动有机结合起来，为人们提供丰富多彩的活动体验，游艇码头提供驾艇出海、游艇停泊、维护等服务。娱乐区规划有大型剧院、艺术中心、创意展示中心及大型游乐设施。

商业综合区：主要由大型商场、国际名品店及零售店构成，应完善东港商务区生活区的商业服务功能，为进入东港商务区的人提供购物场所。

高档居住区：居住区提供高质量的城市居住环境，吸引高端人才，增加区域内的经济、文化、商务活动。

滨海服务区：该区域布置在北侧填海区域前沿，并沿海陆界面展开，不论是餐饮、娱乐、购物、游览、休闲、运动均与亲海、近海、环海相关，力图在城市中心区域打造一个针对全体市民的开放的亲海空间。

公共用地：东港商务区占地 6 平方公里，其中 3 平方公里为道路、广场、绿地、公园及公共设施用地，打造一个交通便利、视野开阔、生态环境和谐，适于市民休闲、观光等户外活动的绿色空间。

6. 棒棰岛—东港商务区北段绿化景观规划原则

棒棰岛—东港商务区北段绿化因为节点不同，所以绿化要因节点功能需求不同，而运用不同的绿化设计理念。棒棰岛和海之韵公园的植物要符合大连地域特色滨海海陆界面的生态环境，而东港商务区因为包含内容较多，比如商业区植物景观要简约大气，居住区植物景观要符合居住区生态需求。公园滨海一侧植物绿化须保证看海视线的通透性，控制植被的高度。东港商务区植物以大乔木为主，营造林荫大路。

7. 棒棰岛—东港商务区北段节点设计规划

棒棰岛、海之韵公园区域要注意在滨海路沿线适当增加观景平台和停车位，及设施升级维护。东港商务区广场区几乎没有遮阳设施，应在适当区域增加饮水及遮阳一体化的公共设施。

本章小结

本章提出大连滨海路海陆界面可持续景观设计具体存在的问题及解决方法，以此作为滨海路海陆界面整体规划设计的指导思路。将第三章可持续方面的内容运用到本章，做到了在分析大连滨海路景观现状的基础上，总结归纳出大连滨海路景观规划的原则。在此原则的指导下，进一步提出大连滨海路海陆界面景观发展策略，具体包括畅通景观空间视线、组织景观序列，完善公共设施升级及后续服务、满足使用需求，注意引导视线、保障车行安全，突出自然特色、挖掘地域历史文化等方面，结合第三章海陆界面可持续景观规划方法，以大连滨海路为例，从星海广场、傅家庄公园、老虎滩海洋公园、棒棰岛四个地点开展实例研究，并选取傅家庄公园作为案例主要切入点，进行实践性研究和探索。为今后大连乃至其它地区的滨海路海陆界面可持续景观规划提供参考。

结 语

本书以可持续理论、城市规划学理论、环境行为心理学理论、视觉艺术理论及与景观生态学理论为依据，并以大连滨海路景区为实例进行深入研究，提出海陆界面可持续规划的具体规划方法。

1. 海陆界面景观总体规划方法

① 海陆界面可持续节点规划：需要从公共空间规划设计、道路景观设计、标志性景观规划设计三方面进行统筹考虑。

② 海陆界面结构与功能规划：强调两者整体统一。

③ 海陆界面视觉规划：注重可持续视觉分析与城市规划之间的关系，研究视景、视点、视廊及人的视觉反馈和心理体验等，以塑造优美的城市形象。

④ 海陆界面游览道路交通规划：提出可持续游览道路交通规划要求，规划游览道路时应尽量避开生态脆弱区，保持其连续性和完整性，道路走向、弯曲度等会影响游客心理感受和游览方式。游览道路交通规划要遵循人车分流、步行优先，可达、游览便捷，交通连续，道路景观要富于特色变化的原则。

⑤ 海陆界面可持续植物景观规划：生态核心保护区的植被景观应以恢复和保持原有植被景观特色为主，尤其是珍贵树种和古树的保护；海陆界面退化湿地和沙滩地的植被规划，应当以恢复为主要目的；海陆界面缓冲区的植被景观应兼顾生态和景观效应，营造地带性树种群落和特有植物群落，同时注重植物检疫，避免对本土植物群落造成病虫害；海陆界面户外游憩区的绿化应将本土植物与特色植物结合；海陆界面公园绿地服务区植物景观应注重乔木、灌木、草木搭配，使植物造景与该区景观功能相协调。

⑥ 海陆界面可持续设施规划：需要从游客中心、餐饮网点、购物网点、运动娱乐设施、旅游交通设施、公共服务设施、景区标识系统、滨海景区堤外服务区设置等方面进行深入考虑。

⑦ 海陆界面可持续夜景规划：从满足功能需求、满足心理需求、合理布局

观赏空间方面进行考虑。

局部规划需在整体规划基础上进行节点规划，进一步确定各节点规划设计，如分区主题的划分，空间的类型、规模、布局等，以及可持续材料的运用等各个方面的详细规划。

2. 落实海陆界面可持续理念用到的相关技术

① 护坡技术：即网箱种植护坡技术、台式种植护坡技术、袋式种植护坡技术、面式种植护坡技术、土壤生物护坡技术。因海陆界面海岸线类型、各坡段类型也不尽相同，各种护坡技术需根据实际边坡类型进行选择。

② 植物规划技术：在海陆界面水土保持区、海陆界面综合区、海陆界面草本植物过渡区分别进行场地调查，在海陆界面区域廊道现有的动植物种类的基础上，选择种植种类合适的植物。

③ 水资源利用技术：利用水资源收集和水资源循环使用两项技术，既可丰富公共水资源，也可起到收集雨水和蓄洪的作用。

④ 环保材料使用与环保施工技术：天然环保材料和环保的施工方法能减少开发海陆界面空间过程中对生态环境的干扰。

⑤ 污水处理技术：即控制污染源和水体自净与人工手段相结合的方法。

⑥ 资源回收技术：将垃圾分类模式引入海陆界面设施规划中，实现可持续规划。

⑦ 新能源利用技术：将海陆界面景区照明系统、风能发电系统一并考虑。

海陆界面可持续景观规划研究较少，文献参考不多。因此本书是一种探索性研究，从海陆界面角度，研究景观规划的可持续性。由于可持续本身就是一种发展的进步的概念，随着科技进步与社会发展，相关技术会陆续补充到可持续景观规划中。原有的技术会完善和改进，因此下一步会在海陆界面的数字化模拟以及管理上做进一步的研究。

参考文献

[1] 贾宇．关于海洋强国战略的思考 [J]．太平洋学报，2018，26（1）．

[2] 林丽华，黄华梅，王平，等．生态建设理念在区域建设用海规划中的实践探讨——以横琴南部滨海新城区域建设用海规划为例 [J]．生态经济，2017，33（10）．

[3] 孙伟富，马毅，张杰，等．不同类型海岸线遥感解译标志建立和提取方法研究 [J]．测绘通报，2011（3）．

[4] 徐永健．介绍几本有关滨水区开发规划的专著 [J]．规划师，2000（3）．

[5] 钱欣．城市滨水区设计控制要素体系研究 [J]．中国园林，2004（11）．

[6] 魏光超．城市滨水空间合理开发的规划研究 [D]．长春：东北师范大学．2011．

[7] 马正林．中国城市的选址与河流 [J]．陕西师范大学学报，1999（12）．

[8] 吴俊勤，何梅．城市滨水空间规划模式探析 [J]．城市规划．1998（2）．

[9] 干哲新．浅谈水滨开发的几个问题 [J]．城市规划，1998（2）．

[10] 龚维超．城市滨水区空间环境设计与城市功能 [J]．武汉城市建设学院学报，2001（6）．

[11] 俞孔坚，张蕾，刘玉杰．城市滨水区多目标景观设计途径探索 [J]．中国园林．2004（5）．

[12] 任雷．以使用者行为为导向的滨水空间城市设计 [J]．合肥工业大学学报，2006（11）．

[13] 俞金国，王丽华．海滨旅游景观廊道多视角评价方法——以大连市滨海路为例 [J]．海洋开发与管理，2008（5）．

[14] 黄平利，王红扬．大连市域景观生态格局优化发展研究 [J]．辽宁林业科技，2006（2）．

[15] 王佳．大连滨海路景区植物配置的研究 [D]．哈尔滨：东北林业大学．2010．

[16] 刘晶．大连市滨海路植物景观研究 [D]．沈阳：沈阳农业大学．2011．

[17] 孙明将．大连市滨海路景观设计研究 [D]．哈尔滨：东北林业大学．2011．

[18] 丁银萍，杨向君，王琰．生态环保型木栈道在大连滨海路上的应用 [J]．建设科技，2011（22）．

[19] 刘少才．大连滨海路——中国城市滨海观光第一路 [J]．资源与人居环境，2012（10）．

[20] 黄璐，邬建国，王珂，等．可持续景观规划——融合景观可持续性研究与地理设计 [J]．生态学报，2022，42（2）．

[21] 汪永原．马尔默市公园绿地可持续景观规划设计研究 [D]．南京：南京林业大学．2012．

[22] 俞孔坚，李迪．可持续景观设计 [J]．中国园林．2006（5）．

[23] 周向频．景观规划中的审美研究 [J]．城市规划汇刊，1995（2）．

[24] 熊永柱．海岸带可持续发展评价模型及其应用研究——以广东省为例 [D]．南京：中国科学院广州

地球化学研究所 . 2007.
[25] 孙雨瑄，夏蓝图，马丽卿 . 区域海洋文化在滨海城市规划进程中的体现——以舟山群岛为例 [J]. 特区经济，2019 (6).
[26] 勾维娜 . 基于城市风貌保护的海陆界面景观设计研究 [D]. 大连：大连工业大学 . 2019.
[27] 孙冬梅 . 城市滨海开放空间公共设施的人性化设计研究 [D]. 青岛：青岛理工大学 . 2011.
[28] 邓彦，宋端 . 城市滨水景观设计中人的心理需求 [J]. 城市发展研究，2008 (3).
[29] 林荣 . 城市滨水区的可持续发展和景观塑造研究 [D]. 成都：西南交通大学 . 2003.
[30] 郭海英 . 滨海景观设计的可持续发展应用研究 [D]. 青岛：青岛理工大学 . 2019.
[31] 陈思宇 . 城市滨水片区空间景观视廊营造策略研究 [D]. 长沙：湖南大学 . 2018.
[32] 路毅 . 城市滨水区景观规划设计理论及应用研究 [D]. 哈尔滨：东北林业大学 . 2007.
[33] 于佳琳 . 基于边缘效应理论的城市绿心景观规划设计研究 [D]. 北京：北京林业大学 . 2019.
[34] 许宁 . 中国大陆海岸线及海岸工程时空变化研究 [D]. 烟台：中国科学院烟台海岸带研究所 . 2016.
[35] 梅浩瀚，兰帆 . 废旧轮胎骨架护坡技术应用研究 [J]. 经济之家，2021 (3).
[36] 周术，郑云亮 . “人性化”场所——解析大连城市道路景观 [J]. 华中建筑 . 2007. 25 (6).